本书系 2018 年国家自然科学基金青年科学基金项目的研究成果，项目名称：站城空间关系分类下的高铁站区空间演化与规划应对研究，项目编号：51808504；2018 年教育部人文社会科学研究项目，项目名称：基于站城空间关系综合量化分析下的高铁站点地区空间优化与规划策略研究，项目编号：18YJCZH004；2019 年河南省高等学校重点科研项目，项目名称：新建高铁站点地区空间演化机制与规划应对研究——以河南省境内典型站区为例，项目编号：19A560021。

高铁站区空间形态与规划策略

曹　阳　李松涛　著

中国建筑工业出版社

图书在版编目（CIP）数据

高铁站区空间形态与规划策略 / 曹阳，李松涛著 . — 北京：中国建筑工业出版社，2018.11
ISBN 978-7-112-22491-3

Ⅰ.①高…　Ⅱ.①曹…②李…　Ⅲ.①高速铁路 — 铁路车站 — 空间规划　Ⅳ.① TU248.1

中国版本图书馆CIP数据核字（2018）第171239号

责任编辑：孙书妍
责任校对：张　颖

高铁站区空间形态与规划策略
曹　阳　李松涛　著

＊

中国建筑工业出版社出版、发行（北京海淀三里河路9号）
各地新华书店、建筑书店经销
北京点击世代文化传媒有限公司制版
北京圣夫亚美印刷有限公司印刷

＊

开本：787×1092毫米　1/16　印张：8¾　字数：162千字
2018年10月第一版　2018年10月第一次印刷
定价：38.00 元
ISBN 978-7-112-22491-3
　　（32570）

序

2006年我负笈北上，赴北洋园求学，记得初次一个人从郑州乘坐火车到天津，从头天晚上到次日下午，足足十三四个小时，当然，这在当时也不算什么长途，但确实让人疲乏。到了学期末寒假回家，同样十三四个小时，火车到郑州的时候在凌晨三四点钟。那时还没有网约车，只有在火车站等最早一班的公交车或者支付高价来乘坐夜班的出租车。因为怕回去太早影响家人休息，所以选择了一家二十四小时营业的羊肉汤馆，解决早饭的同时也在等待着天亮。那时很希望有一辆朝发夕至的列车，以化解这来回奔波的疲惫，高铁在那时真的是可望而不可即的。

真正接触高铁是在2008年北京举办奥运会期间，八月份的时候京津高铁通车，在去北京的路上还没有体味完高铁的滋味便到了北京南站。十月的时候博士论文选题，先生认为高铁在中国方兴未艾，建筑学及城市规划与其结合的空间很大，做这方面的研究恰逢其时，加上我当时正对城市空间形态兴趣浓厚，两者相接便有了我的博士论文题目——《高铁客运站区空间形态研究》。

写论文的时候面临的是崭新的领域，资料的收集整理成了最大的障碍。首先是中国的高铁实践刚刚起步，高铁的通车里程极短，通车的城市也仅有北京与天津，北京南站是当时唯一一座完全意义上的高铁车站，从车站到站区再到城市，还没有与高铁发生明显有效的互动。其次是国内相关理论的缺乏，国内关于高铁的研究当时多存在于对高铁技术的研究，在其与城市关系上的研究十分稀少，相近的研究也多集中于地铁与普通铁路等轨道交通方面。资料收集的工作如同一条泥泞的道路，我走得步履蹒跚，满腹的苦闷，最终在导师、家人以及同学们的共同帮助下，资料收集终于得到了突破，论文中的很多资料、照片来自他们的支持，正是得益于他们的无私帮助我才完成了博士论文。

博士毕业后，由于偶然的因素，我选择进入城乡规划政府部门进行管理工作，虽然负责城乡规划管理的相关工作，但还是不愿意丢下原本关于高铁的科研工作。幸好，我的爱人曹阳从事城乡规划的教学科研工作，在她的帮助与"督导"下，我坚持利用业余时间思考与高铁相关的课题，我们在原来论文研究方向的基础上又对河南省境内的高铁站区进行了空间方面的深入研究，形成了一些较高质量的科研成果。这本书也是她原有论文与新研究成果的一次提炼与融合，可以说，没有她的努力与坚持，就不会有博士论文之后的其他成果，更不会有这本书的出版。

从2008年到2018年，中国高铁已经走过了十年，这十年是快速发展的十年，高铁总里程已从9000多千米增加到2.5万千米，已经占世界高铁开通里程的三分之二。由高铁带来的变化也体现在了方方面面，从人们的日常出行开始，高铁已经悄然改变了国人的生活，现在郑州到天津乘坐高铁最快的班次只需要3小时13分，大多数班次也在4小时左右，这在十年前是不可想象的。高铁带来的不仅仅是时间的变化，也相应地压缩了空间，使得通高铁的区域连接得更加紧密。

作为一名城市规划的研究者与实践者，我也一直在观察高铁作为一种交通形式对于城市空间的影响，从城市功能到空间结构，乃至开通高铁的城市在区域中的重要性变化。目睹了一座座高铁车站从选址到建成使用，高铁周边区域从无到有的过程，这一切对于一个研究者来说是幸运的，感谢这个伟大的时代让我们能够超越时间维度来进行研究，我们的高铁运行的里程数远远超过西方国家，这方面的伟大光荣毋庸置疑，但是无论从理论还是实践的层面，高铁与城市之间的互动关系的研究还是停留在较为初期的阶段，高铁站区作为高铁与城市之间的一座"变压器"，并不能充分调节它们之间的相互作用，形成最大化的互促。一些站区位置偏远，与城市发展方向并不一致，导致错过了高铁发展之初带来的机遇期；一些站区建设"发力"过猛，并未考虑高铁与城市之间的相互关系，房地产项目过多、过滥，导致从功能到形象上的多重"失守"，未来将要面临代价巨大的"二次更新"问题；一些站区构想过于宏伟，全然不顾城市的发展规律，站区发展屡弱不堪……如何把握高铁站区建设中的"量与度"是考验每一个城市规划研究者与实践者的现实问题。

高铁已经给我们的城市带来了很多的变化，相信随着运行速度的提高、线网的加密，将会带来更多的有益改变，作为一名城市规划的研究者与实践者，我关注高铁的发展已经有十年的时间，自己也从"而立"之年到了"不惑"之年，未来我会继续关注高铁与城市之间的相关影响变化，为我们城市的发展尽自己的绵薄之力。

中国高铁十年之时，写于洛水之滨，雨霁方晴，春风微凉，红绿嫣然。

李松涛

2018年5月1日

导　言

　　高速铁路作为目前国际上蓬勃发展的交通系统，以高效率、低能耗、大运量的特点决定了其将在未来交通运输部门中起到重要的作用。高速铁路客运站区作为面向低碳城市的一种城市空间形态，对城市空间结构的引导作用将会越来越重要。《高铁站区空间形态与规划策略》是一项涉及高铁站对不同层级背景下的城市空间影响和高铁站点周边地区空间规划的综合研究。随着我国高铁时代的来临，城市规划该如何应对高铁这类新生事物，成为值得关注的课题。作为当代的城市规划师，不仅应该认识现代快速交通带给人类的进步，而且还需要关注高铁新城建设开发背景下呈现的城市问题。高铁站点通常被视为城市经济增长和区域发展的催化剂，因此当今依托高铁新城的开发建设拉大城市发展框架的开发模式十分普遍。然而，高铁站点是否可以为设站城市发展带来契机，高铁站点周边地区是否可以成为城市空间拓展的经济增长点，我国的高铁站点地区空间演化呈现怎样的规律特征，是不是所有城市的高铁站周边地区都适合大量地开发商务区等，都成为城乡规划领域中值得关注的热点议题。

　　本书一共分为6章。第1章绪论介绍了本次研究的目的和意义，对国内外高铁站的相关研究进行归纳和总结，提出本次研究的研究方法、研究内容和技术路线。第2章对高铁站区和城市空间的基本概念进行界定，总结了目前国内高铁站区的空间发展趋势，从站点周边地区、城市空间和区域三个层级探讨基于高铁影响的城市空间变化特征，重点研究了站区布局方式对城市空间的影响以及与土地利用之间的关系。第3章是本次研究的重点，首先以河南省境内14座设站城市的高铁站点地区为实证案例，详细探讨了各个站区空间形态变化特征并依据空间演化特征将站区进行分类；其次从站城空间关系的视角分析高铁站区的空间变化，以及各种站城关系相互转化的一般规律；最后从设站城市、站城空间关系和站区自身论述了站区空间变化的影响因素。第4章结合低碳城市的发展趋势论述了高铁站区空间形态和低碳城市形成的关系，从站区空间形态的适应性、弹性成长、生态性和经济性探讨了站区的合理空间形态。第5章重点提出了现阶段我国高铁站点地区空间优化的规划思路和规划策略，针对不同站城关系特征的站区提出相应的规划措施。第6章为结论与展望。

本书是李松涛先生博士论文研究方向的延伸，由于博士论文完成的时间和我国高铁开通的时间比较接近，博士论文的研究主要偏重高铁站区空间形态变化的预期推断和设想，当时高铁的运行周期还远远不够验证高铁对设站城市的影响效应。因此，后期以我主持的高铁站点地区空间形态研究与规划策略的相关课题研究为基础。具体撰写人员为：第 1 章，曹阳；第 2 章，曹阳、李松涛；第 3 章，曹阳；第 4 章，李松涛；第 5、6 章，曹阳、李松涛。部分章节内容源于发表在《郑州大学学报工学版》（2017年第 2 期）、《规划师》（2017 年第 12 期）、《城市发展研究》（2018 年第 3 期）、《华中建筑》（2018 年第 2 期）、《城市建筑》（2018 年第 2 期）等期刊的学术论文，还有部分章节内容基于李松涛的博士论文《高铁客运站区空间形态研究》修订后纳入。

定性和定量的分析相结合是本次研究方法的重要特征。研究建立了定量和定性相结合的高铁站点地区圈层空间研究模型，定性分析建设斑块的增长方向和集中区位，定量计算历年建设开发用地衡量站区空间开发进度。实证分析以河南省境内开通 5 年以上的高铁客运站区为研究样本，深入走访各个站区并通过规划部门获取第一手资料，结合历年卫星高清地图空间变化，深化定量分析的结果。

本书的顺利出版要感谢李松涛的博士生导师曾坚先生，曾老师为书稿的形成给予过重要的指点意见，还要感谢中国建筑工业出版社的孙书妍编辑，给予本书许多中肯的修改建议。限于两位作者的研究水平和时间精力，本书仅仅作为我国现阶段高铁站区空间研究的一个开放性思考的起点，随后的进一步研究还会改进和深入，希望各位读者不吝赐教，也期望此次的研究成果为规划学界的高铁站区空间研究起到抛砖引玉的作用。

曹阳于家中

2018 年 4 月 23 日

目　录

第1章 绪论

1.1 研究背景

2008 年京津高速铁路的开通运行标志着我国迎来了高铁时代。从普铁时代到高铁时代，交通速度的提升不仅缩短了城市之间的时空距离，也促进了区域之间信息、物资和人员的快速流通。我国的高铁建设也逐渐进入了以综合性高层级交通枢纽为引领，各类区域中心城市高铁客运站多方向开发、逐步展开的多层级、多种类型的高铁体系的时代。与国外的高铁站点地区相比较，我国的高铁开发较晚，站点地区空间开发呈现两个显著特征：一是设想以高铁基础设施的建设带动整个区域在空间和经济上的重组和向外辐射的影响，对高铁效应的期望值过高；二是过于强调高铁站点的交通枢纽门户作用和标志性形象特征，交通节点功能特征比较突出。因此，许多设站城市和地区迎来新的发展契机的同时，也凸显了站城分离、高铁新城等城市问题。基于此，从高铁站点地区空间演化的一般规律以及站城空间形态关系类型划分的视野，优化高铁枢纽周边地区的空间、激发高铁站对设站城市的带动效应、探索不同关系类型站区空间优化策略成为本次研究关注的理论课题。

1.2 研究对象选取

本次研究主要以高速铁路运输为主要交通模式的各种等级高铁枢纽站点周边功能区为研究对象，讨论其空间演化特征与空间增长状况，并进行站点地区与既有城市空间形态关系的分析。根据城市能级、站点运行周期、建设开发时序等各种因素的统筹考虑，此次研究结合实地调研工作的交通便利性，选取开通时间较早、运行周期相近的河南省境内石武段和郑西段 14 座新建高铁客运站作为研究对象进行实证分析。这两条高铁线路也是河南省境内目前开发运行的主要高铁交通，承担了河南省南北向和东西向的高铁交通联系。虽然沿线设站城市数量众多，城市层级比较丰富，但由于运行周期较短的站区空间变化特征不太明显，不具备归纳和总结其特征的可行性；而旧火车站改造的高铁站其周边空间已经发育比较成熟且改造更新条件比较复杂，也不具备和新建高铁站点进行类比的现实条件。因此，此次研究最终选定站点开通时间较早，运行周期相近且均在 5 年及以上的 14 座新建站区（安阳东站、鹤壁东站、新乡东站、郑州东站、许昌东站、漯河西站、驻马店西站、明港东站、信阳东站、灵宝西站、三门峡南站、渑池南站、洛阳龙门站、巩义南站）作为研究对象（表 1-1）。

京广高铁、徐兰高铁河南省境内站区概况　　　　　　　表 1-1

		车站名称	城市级别	车站等级	建设时间	开通时间	运行周期
高铁线路名称	京广高铁	安阳东站	地级城市	一等站	2008 年	2012 年	5 年
		鹤壁东站	地级城市	二等站	2009 年	2012 年	5 年
		新乡东站	地级城市	一等站	2008 年	2012 年	5 年
		郑州东站	省会城市	特等站	2009 年	2012 年	5 年
		许昌东站	地级城市	一等站	2008 年	2012 年	5 年
		漯河西站	地级城市	一等站	2008 年	2012 年	5 年
		驻马店西站	地级城市	二等站	2008 年	2012 年	5 年
		明港东站	建制镇	四等站	2008 年	2012 年	5 年
		信阳东站	地级城市	一等站	2008 年	2012 年	5 年
	徐兰高铁	灵宝西站	县级市	三等站	2008 年	2010 年	7 年
		三门峡南站	地级城市	二等站	2009 年	2010 年	7 年
		渑池南站	县	三等站	2009 年	2010 年	7 年
		洛阳龙门站	地级城市	特等站	2008 年	2010 年	7 年
		巩义南站	县级市	三等站	2008 年	2010 年	7 年
		郑州西站	省会城市	二等站	2011 年	2015 年	2 年
		开封北站	地级城市	一等站	2012 年	2016 年	1 年
		兰考南站	县	一等站	2012 年	2016 年	1 年
		民权北站	县	二等站	2012 年	2016 年	1 年
		商丘站	地级城市	特等站	2012 年	2016 年	1 年
		永城北站	县	二等站	2013 年	2016 年	1 年

1.3　研究目的和意义

1.3.1　开展高铁站点地区空间系统研究的紧迫性

依照铁路中长期规划，到 2030 年，高铁将连接主要城市群，基本连接省会城市和其他 50 万人口以上大中城市，目前我国高铁建造的里程数已经占到了全球的 66.3%，但高铁站区的研究相对滞后，与我国的高铁建造速度与数量并不匹配，长此以往必将对高铁站点地区的空间发展有所影响，造成不必要的二次更新，为避免浪费，使设站城市的空间得到更合理的利用，开展高铁站区的研究势在必行。本课题正是基于高铁站点周边地区大规模开发建设的时代背景下提出的。

1.3.2 拓展对站区和既有城市空间关系的整体性认识

随着高铁网络在我国全面铺开，国内高铁枢纽站区的建设取得了令人瞩目的成果，很多研究从规划的不同层面进行了有益的探索，全国大部分城市和地区相继开展了高铁站点地区规划建设实践。尽管取得了一定成果，但目前针对站区规划的研究与城市空间关系的结合不够紧密，未认识到高铁站区空间演化机制和规划应对是一个多因素协调的问题，规划实践中出现了"重技术而轻规划"、"重空间要素而轻空间关系"、"重空间开发进度而轻城市发展规律"的倾向。因此，迫切需要拓展研究视野，建构站城空间关系系统的研究框架，从跨学科的多维视角中解决理论研究和规划实践中出现的共性问题。

高铁站点地区与既有城市空间关系的分类研究是一项归纳和总结站城典型空间关系类型，揭示高铁站点地区空间演化规律的内在影响机制，并以探讨站点地区空间优化的规划方法为主旨的应用性基础理论研究。高铁站点与设站城市之间会产生相互影响，但由于设站城市的城市能级、产业结构、站点周边建设条件等因素的差异，导致了每个城市受高铁影响程度不尽相同，从而导致不同站点地区在发展进程中和原有城市空间关系存在明显的差异。这也为不同站城之间的关系类型划分提供了依据，对典型站城空间关系的分类应成为未来各层级设站城市在站区建设开发的每个阶段预先评估的重要环节。这不仅需要铁路交通规划与城市规划相互协调、城市规划部门采取更加积极主动的站区空间规划策略，亦需要对站城空间关系的形成和转化规律进行总结，理性推进高铁站区空间的健康发展。通过对高铁站区与城市空间关系特征的梳理和总结，可以填补城市空间理论的研究空白，拓展高铁站点地区空间规划理论的研究视角，为城乡规划设计方法研究领域提供重要的理论价值。

1.3.3 为指导高铁站点地区规划编制实践提供可靠的理论依据

我国目前高速铁路发展迅速，高铁在改变人们的出行方式的同时也在改变着城市的空间结构，高铁站点在城市范围内的影响越来越明显，对于规划管理的决策者来说，需要掌握城市形态的变化特征和趋势。开展站城关系视角下的高铁站点空间演化研究有利于认知高铁站点地区空间发展的一般规律，提高规划管理者决策时的预判能力。将研究成果应用于城市规划编制与管理，对高铁沿线设站城市的空间发展以及结构优化具有现实意义。为了避免在城市相关规划的编制实践中，仅凭甲方主观要求或片面的分析就下结论，甚至完全凭直觉和常规经验作为依据，这就需要有力的理论指导，加强城市规划实践的科学性和权威性。研究各种类型站区的演化特征有利于科学分析高铁对我国城市发展的推动作用，有针对性地梳理各类站区面临的现实问题，进而更好地探索各类空间优化的方法、规划策略以及未来发展的侧重点，促进高铁站点地区空间健康发展。在当前我国城市拓展迅速、高铁站点地区规划实践已逐步展开的背景下，对规划管理和编制实践均具有重要的理论价值。

1.4　国内外研究现状及发展动态分析

1.4.1　国外研究现状

欧洲和日本的高铁开发起步较早，以法国、德国和日本等为代表的国家在高铁站点地区规划研究理论方面取得了一些成熟经验，根据其研究的视角将高铁站区的研究划分为以下几类：

（1）高铁的城市空间效应

①区域层级空间

里德（Reed，1991）通过总结各国高速铁路的发展经验，发现高铁站点地区不仅自身会吸纳各类活动聚集，整座高速铁路系统也会吸纳更多类型的活动，故高铁在提升区域间交通可达性的同时，对产业也造成了影响。布拉姆等人（Blum *et al.*，1997）认为被高铁直接影响的只有起点与终点两个城市，高铁路网将许多城市和中心商业区连接起来，形成一个新形态的区域，而区域的规模取决于高铁路网的可达性。日本学者佐佐木等人（Sasaki *et al.*，1997）用模型的方式建立 5 种假设情境并与实际发展情况进行比对，发现增加新干线服务的长度提升偏远地区的可达性，无法解决区域间发展不均衡的问题，高铁受益者是已开发的发达地区。

②城市层级空间

纳卡穆拉等人（Nakamura and Ueda，1989）通过研究日本上越和东北新干线沿途城市，认为新干线自身不会导致经济增长，空间集聚在交通系统的门户处更明显，车站地区的高速公路接驳会导致空间集聚加强，新干线会导致原有城市中心向高铁车站方向转移。维克曼（Vickerman，1997）通过观察各国高速铁路系统发展情况，提出高铁站是城市未来发展的中心，且设站城市未来空间形态以高铁路线为主轴发展。波尔（Pol，2002）认为高速列车不仅可以改善和重建火车站以及周边地区，对刺激设站城市空间发展和空间结构梳理具有广泛的影响。

③站点周边地区空间

彼得·霍尔（Peter Hall，1985）通过对英国第一条高速铁路线雷丁（Reading）站点附近地区研究发现，站点开通后，车站附近地区逐步成为英格兰南部第三大办公中心；桑兹（Sands，1993）的研究表明，高速铁路在法国通车后，里昂市中心的 Part-Dieu 火车站周边的办公楼总面积在 1983 年至 1990 年间上升了 43%；南特市（Nantes）在紧邻 1990 年开通的 TGV 高铁站点附近的会议中心与办公园区的平均租金超出市中心平均租金的 20%。

也有部分学者持不同观点，认为高铁的城市空间效应有所夸大（Martí-Henneberg，2000；Bellet，2000；Rabin，2003；Plassard，2003；Feliu，2006a）。通过研究不同的城市，确定高速铁路系统自身无法促进城市的经济增长，高速铁路只是加快了社会经济和领土化进程。费利乌（Feliu，2007）认为类似于高铁的大型公共基础设施，在不同的城市产生不同的社会经济和区域影响，即高铁效应在因果关系上是无法预见的。

（2）站点地区土地利用

安德烈（Andre，2000）根据对车站地区所划分的车站中心区、步行合理区和汽车外围区三个横向空间圈层，再进一步将三个圈层的土地利用调整分为三类，共得到九种更具体的类型。史蒂文（Steven，1999）把交通设施建设对土地利用的影响归结为三类：①直接的交通影响，可达性的改善；②间接影响，辅助政策的实施；③次要影响，动力和促进力。

（3）站点地区空间结构

舒茨（Schütz，1998）和波尔（Pol，2002：26）在高速铁路车站的可达性带来的各种影响中建立了三个发展区域的结构模型。划分为 5 至 10 分钟到达车站的区域、使用合适交通方式 15 分钟内到达高速铁路车站的区域、到达高速铁路车站超过 15 分钟的区域。贝尔托里尼（Bertolini，1996，1999）建立节点和场所的橄榄球模型，认为节点间交通流的程度是由"节点价值"和城市功能集聚度所产生的"场所价值"所决定的。他将车站地区分为可达性车站、依赖性车站、局势紧张的车站、节点功能为主的车站和场所功能为主的车站五类。

国外主要理论研究（根据资料整理而成）　　表 1-2

时段（年）	主要理论（观点）	关键词	研究方法	主要人物
1985	空间集聚效应	新中心	观察和比较	彼得·霍尔
1989	空间集聚发生的条件	人口、土地价格、高速公路	数据统计	中村
1991	高铁影响效应	可达性、产业	实证调研、类比	里德
1996-1999	节点-场所理论	节点、场所	橄榄球空间研究模型	贝尔托里尼
1997	走廊效应	功能区域、可达性	资料统计、类比	布拉姆
1997	高铁无法解决区域差异	交通可达性、区域差异	空间计量、模拟情境	佐佐木
1998-2002	圈层结构理论	影响、区域	实证调研、问卷调查、类比	舒茨、波尔
1999	交通设施对土地利用的不同影响属性	公共交通、土地利用	统计资料和比较	史蒂文
2000	三横向九类空间圈层理论	圈层、土地利用	资料统计	安德烈

　　除了这些理论研究，国外许多大型高铁交通枢纽如日本京都高铁站、法国里尔高铁枢纽等实际案例，均已发展成为城市中心。但国外的高铁通常由高铁公司经营，站点的选址大多临近城市商业中心，强调商业的最大化开发。城市化水平的阶段、原有城市空间结构以及高铁运营体制与我国存在很大差异。

1.4.2　国内研究现状

　　我国关于高铁的研究开展较晚，随着 2008 年我国第一条高铁的开通运行，国内学者也开展了多项相关研究。主要从高铁站区的分类、站城空间关系以及高铁影响的城市空间变化三方面展开。

　　（1）高铁站区的分类

　　依据站点的选址将站区划分为中心式、边缘式和郊区式。按照建设的类型划分为既有站点改造和新建两种类型。依据主导功能把站区划分为均衡型、居住型、商务型和商贸特色型。依据开发目标分为高铁新城型、高铁枢纽型。依据开发进度将其分为迅速发展型、匀速增长型和停滞不前型。

　　（2）站城空间关系的研究

　　涉及站城空间关系的研究正在展开（如侯明明，2008；王昊等，2009；郑德高等，2009；中国城市规划与设计研究院交通研究所，2009），但是更偏重于客站自身的设计与距离站点较近区域规划的微观层面，如崔叙（2005）、刘志军等（2007）、刘萍（2007）、翟宁（2008）、郑健等（2006，2007，2009），指出客站与各种城市交通系统接驳的设计与规划，提升站城交通联系。郑健等指出，城市铁路客站的设计已经从"等待式"

转型为"通过式"（2009：28），也注意到通过设计"大空间""以商补站"是客站的发展趋势（2009：160）。该研究指出了高铁速度越快，乘客对（铁路）"途外附属时间"的长度越敏感（2009：56-57），因而更强调"通过"车站的速度和"零换乘"的重要性。

（3）高铁影响的城市空间变化

国内关于高铁对城市空间影响的研究可以集中概括为三个层面：①在宏观层面以区域城市系统的影响、区域城市之间相互作用为主。侧重高铁对区域结构、设站城市在区域层级空间发挥的作用，如带动区域经济、提高区域可达性等；②中观层面包括了高铁引导下城市空间发展的特征、影响机制以及城市空间结构演化等。侧重城市形态的变化、城市中心转移，强调高铁对设站城市空间的重组等；③在微观层面以研究站点周边地区规划建设、功能布局等为主。侧重站点周边地区空间形态变化、重要交通建筑的设计等。

以上研究比较有代表性的当推王缉宪所构建的"茶壶模型"理论。他从高铁站特征、城市本身、城市与所在区域的关系三个层面搭建"茶壶模型"，构建相应的指标体系比较高铁站引入前后站区空间结构的差异。此外，还有学者以国外高铁规划实践为实例分析，试图为我国高铁规划建设提供一些经验借鉴。综上所述，国内外研究针对高铁影响机制、站区空间研究模型和站城关系等方面开展了许多有意义的工作，提供了丰富的理论基础。

1.4.3　研究现状评述

（1）研究成果丰富

前述研究旨趣不一、成果丰硕，达到了一定的广度和深度。如对高铁站点周边地区的空间布局和空间秩序的研究覆盖了全国较大的地域范围，资料翔实；关于设站城市空间变化过程的探讨，范围较广；国内外对站点空间布局的研究多有建树，研究内容涵盖了从政策主导到案例实践的多个层面。

（2）高铁站区空间研究的趋势

高铁的研究在我国刚刚起步，自 2008 年我国高铁的开通以来相关研究成果出现了三种趋势：其一，研究范围不断扩展，研究内容渐次深入，从站点到区域层级的城市空间，从一般站点到特殊站点；其二，高铁站点地区的体系研究开始兴起，如以空间形态为线索的研究，对江南地区、沿海地区、中原地区的城市和城镇的研究等；其三，对高铁这一复杂的交通枢纽和城市综合体，综合结合各学科的研究方法，进行跨学科、多角度和多侧面的研究。

（3）已有研究的不足之处

已有研究成果丰硕，但尚存亟待进一步探讨的问题：

①在研究方法方面，高铁站区空间研究偏重描述性分析和预期的推断，缺乏借助多元数据和更精细的空间研究模型对站区空间展开更细致层面的分析；缺乏站城空间关系发展趋势预测的数字技术方法，难以对动态环境下的站点地区空间演化特征进行追踪和准确归纳，从而无法保证规划管理部门对站区空间的合理发展进行持续改进和实时管理。

②在研究视角选取方面，针对站区分类方法和规划策略的研究较关注站区自身和周边建设条件的微观层面，缺乏与城市建成区关系分析的整体性研究视角，忽略了站点与既有城市空间的相互影响机制，基于站城形态关系特征的梳理甚少，研究视野有一定的局限性。

③在研究对象选取方面，大多研究针对单个高铁站进行分析，缺乏对已实施的、开通时间相近的站区空间差异性的比较，尤其是能级较低城市的站区在自身发育阶段的实际空间演化特征的研究十分匮乏，对目前站区空间规划建设实践缺乏普遍的指导意义。

④在研究结论方面，部分研究强调高铁对设站城市的带动作用，未认识到不同设站城市之间供给与吸纳的作用力来自原有城市规模、城市等级、基础设施、高铁汇聚条数等诸多因素，这种影响效应会因这些因素而存在差别；部分研究认为站点是刺激城市发展的活力点，因此距离站点较近的区域和较远的区域相比较，其空间开发进度就更快，建筑密度更高；部分研究把高铁空城化现象的原因简单地归纳为选址过远，缺乏对各类站区历年空间演化特征的系统性梳理和各类空间要素的辨析。因此需要结合我国不同层级空间背景的研究案例，在站城空间关系分类的系统性框架下进行更深入、更客观的研究。

1.5　研究方法

本研究从研究案例空间本体和站城空间关系的视角展开相关研究，综合运用空间模型法、扇形角度分析法对样本站区的空间增长、站城空间关系等进行量化分析，力图寻找站区空间形态发展的影响因素，通过空间形态特征的理论总结，为目前高铁客运站区空间规划中所引发的城市问题提出优化策略。本课题根据研究的实际需要，主要采用四种不同的研究方法：

（1）归纳整理法

对国内外高铁站点地区空间的研究，包括对国家及地方规范、著作、期刊、学位论文等相关文献进行搜集整理，归纳当前国内外相关规划实践成果，发现相关领域的研究空白，从而提出本课题研究的方向和框架。

（2）卫星影像资料和空间研究模型结合分析法

以选取的典型案例站点地区作为研究对象，确定站区的研究范围。运用卫星地图追踪了站点开通至今站城空间关系变化并整理了站区研究范围内建设开发状况，对站点周边重大基础设施、自然资源、市政道路、建设斑块等主要空间要素进行绘制。依据历年高清卫星地图影像资料，对研究站区的建设斑块增长向圈层空间研究模型中嵌套，总结站点地区空间演化的一般规律。

（3）定性分析和定量计算相结合的分析法

城市空间关系研究是一项复杂的工作，运用从定性到定量综合集成的方法有助于对站城空间关系变化规律、站点周边地区空间变化进行比较和分类，利于将空间形态这一抽象的概念进行表达和分析。本次研究依据影像资料对站点地区空间拓展方向进行定性分析，同时通过卫星图片下的建设斑块增长面积（广场和绿化除外）进行矢量化计算并结合规划管理部门提供的资料进行修正，得到比较准确的站区已开发用地数据。从定性到定量综合集成是研究空间这一复杂系统的方法。二者可以相互补充自身研究的局限性，提升科学研究的准确性。

（4）综合与比较分析法

选取高铁沿线运行相近时间周期内的各层级高铁站点地区作为例证，应用类比分析的方法观察现阶段各空间要素的发展历程，把握时间轴线上关键时段的空间演化特征，其中包括历年站区空间增长特征、空间增长方向、建设斑块增长的集中区位等，并进行横向比较；使用综合分析的方法来总结、梳理和归纳各站区空间总体演化趋势。

1.6　研究内容与技术路线

首先通过查阅文献对国内高铁客运站区的开发现状做初步了解，在此基础上，采取实地调研、测绘和谷歌卫星影像资料相结合的方法，在了解设站城市空间演化规律和典型特征的基础上进行详细研究，随后确定典型研究实例并进行空间分析。本研究从设站城市空间变化、站点周边地区空间增长方式、站城空间关系变化的视角展开研究，构建高铁站区空间形态的分析模型，综合运用空间原型分析法、扇形角度分析法等定量和传统的空间分析方法，对设站站区空间原型和站城空间关系两个维度进行分析，试图探索站点地区空间形态变化的影响因素，并通过空间形态变化规律的理论总结和站城关系的显著特征，进一步探索站区空间规划的优化方法和策略（图1-1）。

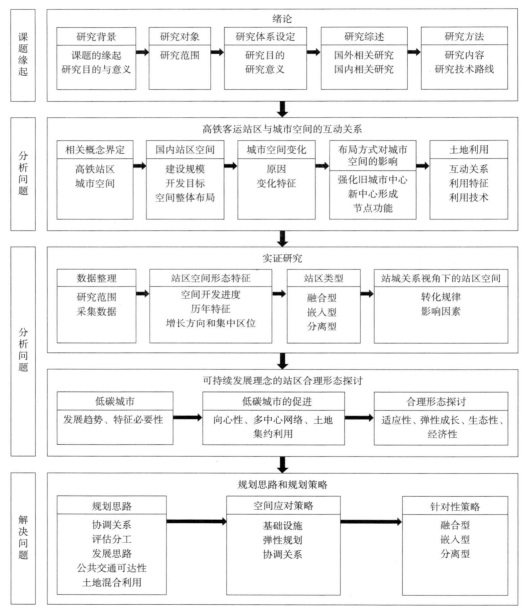

图1-1　研究框架示意

第2章　高铁客运站区与城市空间的互动关系

与传统火车站主要承担货运功能不同，高铁客运站以承担客运交通为主，同时商务等高端客流较多，出行频率较高，耗时较短。因此站点周边地区集聚的城市功能也与传统火车站以批发市场为主的业态不同。客流的升级带动了站点区位优势的提升。高铁扩大了城市影响的范围，促进人流、物流汇集和城市基础设施的提升。因此，本部分研究内容试图结合高铁站区的概念、国内高铁的建设开发现状以及高铁站的发展趋势，探讨设站城市空间变化特征（表 2-1）。[①]

普通铁路与高速铁路的区别　　　　　　　　　　　　　表 2-1

	客流性质	出行特征	站点周边业态	运营模式	同城化效应
普铁时代	探亲访友、工作上学（各类收入群体）	长时耗、低效率	批发市场、零售商业、餐饮服务、酒店、娱乐业	客货兼营	站点作为边缘型门户，仅作为进入城市的连接点
高铁时代	商务活动、旅游观光、工作、探亲访友（与飞机竞争的高端客流）	短时耗、高频率	零售商业、餐饮服务、商务办公、会展、金融、高端住宅	客货分离（市场化和公司化）	借助时空压缩效应，成为其他城市的飞地，直接参与区域竞合

2.1　相关概念界定

1.高铁站区

高速铁路所承担的运输任务多以客运为主，研究中的高速铁路车站地区也指的是高速铁路客运站地区。高速铁路客运站影响的范围从广义上来讲分为三个方面：第一，国家级（或国际级），可以沟通连接国家内部各大城市地区，甚至可以与其他国家重要的城市地区直接连通；第二，区域级，是国家内部一个区域的核心车站，担负着该地区与国家内部其他重要城市地区交通连接的责任，是该地区人员物资的集散地；第三，城市级，担负一个城市或城市某一地区的交通任务（图 2-1）。这三个层面从高到低单

---

① 搜狐网.王昊：中国高铁的最后一公里：交通枢纽规划如何影响城市格局和居民生活方式？[EB/OL].http：//www.sohu.com/a/201216422_2818352017.

向涵盖，也就是国家级车站同时担负着区域级与城市级的任务，区域级车站同时担负着城市级车站的任务，而城市级车站则是整个高速铁路车站网络的基础组成部分。

具体到某个城市的高铁客运站地区，有学者以进入车站的时间范围来划分车站周边的区域。如舒茨（Schütz，1998）、波尔（Pol，2002）按照高速铁路车站可达性带来的各种影响中区分了三个开发区域。

由于车站地区的开发随着时间进度、环境改变会发生规模、组成要素、品质要求上的变化，所以车站地区实际的范围一直处在一种动态的变化当中，所谓的车站地区边界也是一种弹性边界。

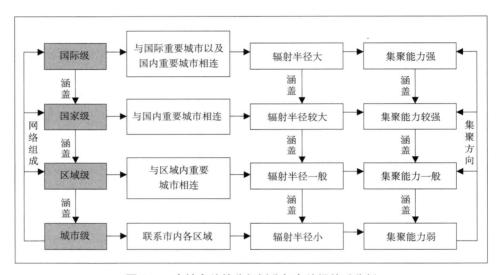

图 2-1　高铁车站的分级划分与车站间关系分析

高铁站区作为城市空间结构中的一个特定的地域概念，学术界对此没有统一和明确的界定，不同学科的研究在探讨高铁站区时也只是侧重自身专业的观察视角，因此导致了高铁站区的概念具有多样性和复杂性。由于高铁站区的概念比较宽泛和模糊，本研究的高速铁路客运站站区范围是一个相对的地理概念，是指由于高速铁路的修建而发展起来的客运车站，以及与其配套发展起来的城市功能，如办公、商业、居住等所组成的车站地区。并根据研究的实际需要对其进行了以下界定：

（1）影响范围：高铁站点可以辐射到的周边区域，可以引领、带动周边地区再开发的核心区域。除了具有较强的交通职能之外，还可以容纳零售服务、商务办公、服务业等多样的居民公共活动行为，在空间形态特征上和城市其他区域（居住区、商业区）等存在较明显的区别。

（2）运行周期：需要经历时间的熟化，开展至少 5 年以上的规划建设工作。在一定程度上可以归纳、总结站点周边地区历年空间形态变化的特征规律以及站区与城市建成区空间关系的发展趋势。

2. 城市空间

本研究中涉及的城市空间涵盖三个层级，包括站点周边地区、城市层级和区域层级。城市空间在本研究中侧重指向各类高铁设站城市（特大城市、区域中心城市、中小城市等）城市建成区的边界和城市中心区的空间结构。

3. 空间形态

形态一词来源于希腊语 Morph（构成）和 Logos（逻辑），意指形式的构成逻辑。齐康教授对城市形态定义为：它是构成城市所表现的发展变化着的空间形态特征，这种变化是城市这个有机体内外矛盾的结果。武进认为城市形态应该定义为：由结构（要素的空间布置）、形状（城市的外部轮廓）和相互关系（要素之间的相互作用和组织）所组成的一个空间系统。本文的城市空间形态包括，城市外部的边界轮廓以及城市内部的空间布局，是对城市空间密度的综合反映。

2.2　国内高铁站区的空间发展趋势

2004 年在我国铁路全面大提速的背景下，国务院于当年 1 月审议通过了我国铁路史上第一个关于铁路的规划——《中长期铁路网规划》，拟建设总里程为 1.3 万千米的高速铁路客运专线。其中提出了高铁网络将形成四纵四横的格局，连通珠三角、长三角和京津冀三大经济区，并将东北、中部、西南、关中等地方城市群纳入高铁网络。这标志着我国的高速铁路建设进入了大规模实施阶段。随着 2008 年 8 月京津城际高速铁路开通之后，沿线人口最密集、运输量最大的京沪高速铁路开始建设，并于 2011 年正式投入使用。国家发改委在《铁路"十三五"发展规划》中提出，到 2020 年，中国的高速铁路将扩展成网，在建成"四纵四横"的主骨架基础上，有序推进高速铁路建设，形成高速铁路网络。

截至 2017 年底，全国铁路营业里程已经达到 12.7 万千米，其中高铁 2.5 万千米，稳居世界首位，惠及 180 余个地级城市，370 余个县级城市，随着 2017 年末石济高铁通车运营，我国范围内已经形成以郑州、西安、武汉等城市为中心的多个"米"字形高铁枢纽。

现阶段国内高速铁路交通枢纽的综合化发展趋势主要体现为建设规模巨大，结合商业、餐饮、服务以及景观等多样的功能，构建高铁交通建筑综合体，凸显高铁站房庞大的建筑体量和大尺度的站前广场；大部分站点选址距离城市中心区较远，应试图与周边空间联合开发，以开发高铁新城为主要目标导向；我国的高速铁路客运站区以综合化开发方向发展，具体表现为以下三个方面。

2.2.1　建设规模大型化

高铁交通枢纽的建设极大地促进了站点周边土地的开发，外围商业的聚集使综合交通枢纽地区逐渐发展为城市商务核心区。对于交通枢纽本身，高速铁路的开通、人员流动的大幅增长以及经济物流业的发展给交通带来很大压力，交通枢纽建筑规模的扩大、功能的聚合发展、交通模式的融合以及交通流量的增加都促使车站规模大型化、站区功能复合化发展。高铁客运站不再是单一功能的对外交通枢纽，正在逐步转变为多功能的城市综合服务体。

2.2.2　开发目标雷同化

高铁主要针对城市之间的联动，属于过路式规划，一般会把站点的选址放在城市的郊区，且本身处于城市重点开发区，因此高铁对城市的带动作用是全市性的，可以带动城市产业发展和人员的流动，高铁新城就成了许多地方政府寄予厚望的开发热点。因此，目前我国大部分地级城市的高铁规划都会效仿大城市的模式，基本都以打造高铁新城为目标。常见的开发模式是围绕站点修建大量的高层商务办公楼、住宅楼、高端商务等片区，打造城市未来发展的新能级。对于一些商务职能较低的三、四线城市，也效仿大城市的开发模式，并未考虑原有城市中心区内的商务办公楼都有库存，商务和换乘都需要在城市中心区完成，在高铁新城停留的时间较短，因此高铁站点周边并不需要大量的商务办公楼，高铁站对高铁新城的带动能力微弱，大部分高铁新城变高铁孤城的现象比较普遍。

2.2.3　空间总体布局标准化

目前，我国的所有站点周边地区几乎都是以通用标准的站前大广场加站房的形式组建高铁站点周边地区空间，凸显其标志性的形象和门户地位。千篇一律的空间布局导致了高铁站区空间缺乏自身特色、识别性较差、空间形态上的雷同现象也较为明显；同时也造成了空间布局分散、尺度过大导致的步行交通困难、交通换乘不方便、站点地区和既有城市空间存在分隔的现象比较严重（图2-2）。

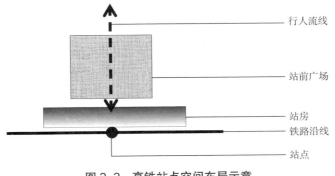

行人流线

站前广场

站房
铁路沿线
站点

图 2-2　高铁站点空间布局示意

2.3　高铁影响的城市空间变化特征

2.3.1　高铁站区对城市空间产生影响的根本原因分析

高铁站区作为城市交通网络中的节点，既担负着城市交通运输功能，又是所在城市的一个重要场所，承担了城市功能。因此，站区具有"节点"和"场所"的双重性特征，节点特征强调站区的交通枢纽功能，场所特征反映站区的城市复合功能，当高铁站区产生了新的业态活动，交通功能与复合的城市新功能共同存在并互相刺激时，站区自身的发展模式和新的城市空间也开始逐步显现，因此高铁站区对城市空间的影响是通过站区的交通节点功能与场所功能共同作用来体现的，从根本上来说，高铁的节点功能需要与场所功能互动并整合起来，才能实现高铁在社会、经济、空间等方面的综合效应最大化。

2.3.2　城市空间变化分析

高铁站区具有人流集散快捷、大区域快速流通等特点，使之与传统铁路和城市轨道交通对城市空间产生的影响有所不同。本部分在探讨高铁对城市空间产生的影响时，主要从站区层面、城市层面和区域层面三个方面进行分析。

1. 站区层面

目前世界上的高速铁路车站已不再单纯是列车进站与离站的场所，同时也对其他交通形式产生了重要的影响。显然，简单地将高速铁路车站定义为"交通枢纽"是不够的，因为这样就忽略了车站拥有"节点"（node）和"场所"（place）的双重性，既作为运输网络中的节点，肩负着运输功能；又是所在城市的一部分，有着城市功能（图 2-3）。

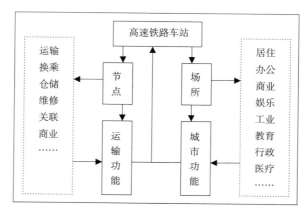

图 2-3   高速铁路车站的功能组成

铁路车站所出现的这种双重性植根于它们的历史发展过程中，铁轨在割裂了城市的同时，车站周边也出现了商业、餐饮、住房、工业等城市功能。交通功能与城市功能开始相互刺激，互生共荣，现代车站区的发展模式开始逐步显现。

贝尔托里尼（Bertolini，1996）最早提出车站区域包含了两方面的内容：一方面，车站区域是（或有可能成为）新兴的重要"节点"（node），并构建运输网络；另一方面，车站地区又是一个"场所"（place），是城市当中人们临时性或永久性的居所，往往具有密集和多样化的组合与使用形式（Bertolini &Spit，1998）。在此基础上，贝尔托里尼适时地分析了地产引导（property-led）与运输引导（transport-led）两种不同的发展方式。地产引导车站区域的发展主要由"场所"的变化引起，而运输引导的发展则是由"节点"（或相关的基础设施）的变化引起。波尔（Pol，2002）为此增加另外两个组成部分：空间的品质和意象。

大量针对车站地区的研究中，关于"节点"的概念也得出了相对的共识（Bertolini，1996；1999）。这个定义的本质是：一个节点既集聚了运输流与交通基础设施，同时也集聚了城市功能（工作、城市设施、住宅的功能）。荷兰国家空间规划局给"节点"下的定义是："节点是集体和个人运输网络中的一个多模式转换点，并在此有组织地出现了功能与活动的空间集聚。"

对于车站及其周边地区来说，"节点"和"场所"是动态的集聚。车站同时担当了动态网络上的"节点"功能和城市中的"场所"功能。两种功能不平衡导致的矛盾是车站地区紧张局势的根源，但如果利用得当也可能成为协同发展的催化剂，车站地区的新建（重建）可以被看作是一个"整合节点和场所"的问题。

在这方面，法国欧洲里尔项目最具代表性。在里尔，国际商务中心建在站区的中心位置，是北部欧洲运输和信息流动的汇集点。对于车站来说，高速列车自然是重要的，但车站本身也担负了其他许多区域和大城市的复杂功能，如购物中心和展览、文化、娱乐设施等空间。这些又反过来发挥影响来改善与地方和区域运输系统的连接，形成良性循环（图 2-4）。当然，法国里尔有自己的位置优势，它所处的位置是欧洲高速铁路系统的交汇处。在大多数其他情况下，每个高铁站区发展的前景根据自身影响力与辐射半径的不同将会有不同的范围。

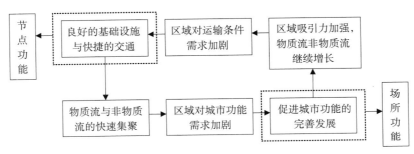

图 2-4　运输"节点"功能与城市"场所"功能的良性循环

　　因此，对于站点地区来说，节点和场所是动态集聚形成的两种功能空间形式。第一，从节点功能层面理解，高铁可以引导不同交通系统的一体化进程，其内外交通的可达性对物质流与非物质流产生巨大的吸引力，引起大规模的集聚；第二，从场所功能层面理解，高铁周边区域可完善城市职能和发展多样化的功能，从而形成具有成熟形态的城市新区域。在两者形成良好互动的条件下，站区可以同时承担城市交通运输网络上的节点功能和提供市民发生较高频率活动行为的场所功能。站点周边区域的空间都会形成三种变化方式：周边区域城市空间范围扩大、建筑密度增加；新的城市空间诞生，城市空间形态表现为从无到有，多种城市功能在该区域逐步显现；周边区域空间的结构肌理得到梳理和整合。前两种空间的变化都呈现上升趋势。

　　2. 城市层面

　　高铁站区的发展会带来城市功能板块、道路交通和中心体系等一系列城市结构调整，且随着高铁枢纽地区综合交通换乘中心的形成将带来相应的城市空间的集聚和分散。

　　（1）节点交通功能引导下的整体性城市空间形成

　　高铁车站作为城市综合交通运输网络体系中重要的功能节点，担负着交通枢纽与城市其他交通方式衔接转换的功能，从而形成城市多数交通方式的换乘中心。首先，高铁枢纽高效的出行方式带来了巨大的人流量，会促进站区及其周边区域的投资引入，从而增强站区的交通和城市职能，这也是高铁交通节点功能的体现。其次，为了提高城市以及区域层级的公共交通联系，城市便围绕着高铁站区修建公共交通体系，高铁车站从简单的站点逐渐发展成为高铁枢纽（新型城市综合交通枢纽），成为城市中重要的客流集散和中转换乘中心。这些公共交通系统从不同层级建立连接，高铁客运站区与城市其他区域以及周边城市地区的联系更加紧密，便于人流物流的快速集聚与扩散，这无形中提高了城市的整体性，使城市发展更加紧凑，也为城市空间的发展奠定了方向。

（2）场所复合功能刺激下的城市空间集聚与分散

将高速铁路交通系统比作"轴线"，将高速铁路车站比作"点"是对"连接理论"的扩大与延伸。高铁线路是高速运动着的动态部分，它连接着重要的节点城市，并通过设置在城市中的"车站"完成转换与链接，"点"周围的区域为了避免交通孤立化，都要通过其他交通方式完成与车站的连接，这样一来，高速铁路线上的空间就形成了由"轴线"串联"点"，"点"辐射连接"区域"的特性。这是一种斑块状的聚集性连接，沿线附近的城市空间不是均匀的发展，而是向各个点方向聚集、迁移。

由于物质流与非物质流向节点集聚，城市空间随即开始围绕节点进行布置。同时随着城市空间围绕节点进行布置，物质流与非物质流进一步更密集地向节点地区进行集聚。在这种相互促进的关系中，节点的集聚在不同层级与不同范围内会有多种形式，在多数情况下它们是同时存在的：①节点与周边地区的集聚，由节点周边区域向节点发生的集聚，表现为一种单向为主的流动；②相邻节点之间的集聚，多表现为相邻的次级节点向上一级节点的移动，同时也有上一级节点向次级节点的分散发生；③跨结构的集聚，非相邻节点间向高层级节点发生的集聚；④节点范围内的集聚，这种集聚是相对的集聚，在不引入外部物质或信息流的情况下，同一节点内的集聚与分散同时发生（表2-2）。同样，在不同层级与不同范围规模内，分散随着节点集聚的发生而同时发生。物质流和非物质流从周边区域向节点流动，从次级节点向高级节点流动，都是分散的发生。

集聚产生的形式分类

表2-2

集聚产生的形式类型	图示	评价
周边地区→节点的单向流动	周边区域　●节点	由节点周边区域向节点发生的集聚

续表

集聚产生的形式类型	图示	评价
相邻次要节点→上一级节点移动		此类型的集聚伴随主要节点向次要节点分散现象发生
非相邻节点间→高层级节点集聚		此类型的集聚跨越结构范围
同一节点范围内的集聚		此类型是相对的集聚，在不引入外部物质或信息流的情况下，同一节点范围内自身的集聚与分散同时产生

（3）促进城市结构优化

高铁客运站对于设站城市结构的优化作用体现在两个方面：第一，高速铁路合理设站带来的交通便捷性，正确引领了人流，防止了可能出现的堵塞与延误；第二，高速铁路客运站的出现为消除同一城市范围内的不同地区经济发展不平衡提供了可能。

①由于一个规模较大的城市会设有几个不同的高速铁路车站，这些高速铁路车站在城市内部成为节点，并与城市内部其他高速铁路车站节点之间具有良好的彼此连接功能，其中某些节点还具有一定专业化的职能。这也就是所谓的网络城市和城市网络概念采取多节点模式。怀尔德等人（De Wilde and Megens，2005）最早在这个方面进行研究，通过分析坐落于城市中心以外的海牙（Hague）车站和乌得勒支（Utrecht）车站，认为这些车站可以减轻内城车站的压力。不需要去城市中心车站的旅客可以在这里换乘。区域运输系统联通这些城市外围的车站，对城市交通系统来说是一个很好的分流。过境车站也将作为游客到市中心的停泊及转乘中心。例如，海牙拥有两个规模较大的车站，海牙中央车站（CS）和海牙荷兰兹斯普尔车站（HS），城市外围还有些更小的车站（Voorburg，Rijswijk，Mariahoeve，Laan van NO Indië，Den Haag Moerwijk）。当地政府明确区分 CS 与 HS 之间的任务：CS 可以作为高速铁路的一个连接点，并有丰富的城市功能价值，而 HS 将在鹿特丹—海牙—莱顿—阿姆斯特丹交通走廊上拥有一个相对较高的运输价值。在开发投资回收方面，因为围绕过境车站周边区域将有多方面的开发，所以建设新节点的这部分费用将可以通过土地开发进行回收。

阿姆斯特丹中央车站是这方面的一个例子，它的重要性在于同地方公共交通连接，能为市中心的居民、游客和某些特殊商业提供服务。在这一区域，汽车出入和停车空间将永远受到限制。阿姆斯特丹南阿克西斯区车站更侧重于贸易和工业（特别是办公空间）和高速列车与汽车之间的换乘快捷便利。如果阿姆斯特丹的枢纽功能被分散到例如 Sloterdijk、Amsterdam RAI、Duivendrecht 等车站，那么它们的重要性也会相对增加。斯希普霍尔高速铁路车站主要集中了航空运输、高速列车和内城火车之间的换乘功能。由于没有轻轨、电车或地铁网络，斯希普霍尔广场及斯希普霍尔机场城（Airport City Schiphol）主导了此地的功能价值，该区域建有许多商店和娱乐设施，并有少量的办公空间，但是没有住宅。

在其他一些欧盟国家的特大城市中，多节点化的城市发展也非常突出。在伦敦和巴黎虽然都没有中央车站，但在城市圈内拥有一系列具有各自特殊功能的大型车站。而在布鲁塞尔，则至少有三座大站，分别位于城市北部、中部和南部。显然，城市设计和区域发展以及城市结构调整必须依赖于车站及车站周边区域的重新发展，由铁路与公路形成的网络相一致。

②在消除同一城市不同区域之间经济发展不平衡方面，高速铁路可以缩小核心——外围（Core-Periphery）的不均衡状态，大幅减少区域内的旅行时间，使周边地区更接近中央区域。在一个较大的范围内，高速铁路可以方便发达与偏远地区的物质、非物质交流，促进偏远地区的经济社会发展。仅从城市区域层面而言，高速铁路设站对一个地区的经济发展刺激十分明显，可以借此平衡城市范围内各地区的发展情况，从而优化城市结构。

以伦敦兰贝斯区（Lambeth）为例，虽然兰贝斯区所处的位置已经非常接近伦敦市中心，但与泰晤士河北岸的维多利亚区（Victoria）办公室租金水平却有明显差距。维多利亚区的办公室租金每平方英尺超过 60 英镑，而兰贝斯区的不到一半。滑铁卢火车站（Waterloo Railway Station）的重建与功能更新所带来的经济发展将缩小两个区之间的差距。

作为伦敦重要的车站之一，滑铁卢车站位于伦敦的欧洲铁路网络终端，英国国内的服务产业将通过高速铁路进入国际市场，因此站区急需额外的发展空间，以提高能力，并能够更顺利地重建。但是，企业也可以在伦敦地区选择自己的办公空间以便有更好的国际联系。

重建滑铁卢站也将有助于推动区域内现有的甲级写字楼建设，以及商铺的增加。新的甲级写字楼将有助于推高兰贝斯区的办公空间租金并从伦敦市中心地区吸引企业。兰贝思·史密斯·汉普顿资产评估公司（Lambert Smith Hampton）负责伦敦中部开发的负责人马修·华纳（Matthew Warner）认为："这是伦敦其他地区很难与之相比的优势，其他地区没有同一级别的全新甲级办公空间。"他认为随着区域内新的办公空间逐步开始销售，租金会开始上升。

高铁客运站有自身的集聚能力以及辐射影响力，只要设置得当，对城市内部相对发展缓慢地区具有巨大的推动作用，促进城市区域的全面发展。

3. 区域层面

运输网络上的节点多是现有的城市地区，这些城市地区本身就是该区域的中心城市或中心地区。高速铁路的出现加强了这些地区的城市地位，使该区域的可达性优势更加明显，物质流与非物质流的集聚更为方便。波尔（Pol，2002）认为，一方面，高速铁路可能加强城市现有的等级地位，另一方面，可基于现有城市间等级关系，促进网络城市的形成。在这种有意为之的局面下，高速铁路串联起来的就是一串经济发展地区。比如日本依靠高速铁路实现城市及区域间的便捷联系，东京地区往返上班族的通勤半径由新干线通车前的 30 千米扩张到现在的 120 千米，大大提高了居民居住与就业的可选择性，促进区内分工合作城市群体的形成。东京、大阪、神户、名古屋、京都等大城市及众多中小城市组成日本东海道大都市带，城镇群体空间的地域尺度及内部组成的空间不断扩大。1967 年开始着手修建连接大阪和福冈的山阳新干线，1975 年全线开通。这样，又在京滨、中京、阪神、北九州 4 大工商业地带连接起来的静冈、冈山、广岛等县兴建新的工业地带，形成沿太平洋伸展的所谓"太平洋工业带"。至 1992 年，其面积占全国的 3.61%、产业则超过全国 1/4 的占比，成为世界上最大的都市圈之一（张楠楠等，2005；熊国平，2005）。

尽管一个节点的可达性价值（通常是主要城市的地区）是通过对整个区域的考虑得出的。但这种价值概括具有片面性，主要城市的可达性往往领先于其他地区。当然，高速铁路的延伸也加强了其所在区域空间的整体性，某些偏远地区的可达性也明显得到了加强。但这并不意味着发展会得到均衡，反而由于便利性的加强，偏远区域的物质流与非物质流更方便向中心地区集中。

由于高速铁路网络与高速铁路车站之间存在着"轴点"关系，使得整个城市空间发展朝向高速铁路方向展开。在一定的区域内，物质流与非物质流的相对单向流动，促使沿高速铁路排布的城市空间不断扩大，最终形成大的城市群。

通过古提雷斯等人（J. Gutiérrez et al.，1996）的研究可以看出沿高速铁路城市群扩张的趋势。古提雷斯等人使用可达性指标（accessibility indicator）来确定欧盟范围内火车线路可达性所带来的空间分布情况（表 2-3），强调了良好的基础设施对交通便捷的作用。基础设施品质越高覆盖范围越大,空间也就更加连贯。可达性地图(图 2-5)显示不仅沿着高速铁路网络的可达性不同(例如,巴黎、塞维利亚是网络上的两个节点,但巴黎的可达性更佳),而且在网络的可接入性方面也有不同(例如,在 2010 年波尔多比其腹地的一些地方更容易接入网络)。

根据古提雷斯等人的计算,可达性变化地图显示高速列车将缩小核心—外围(Core-periphery)的不均衡状态,将大幅度修改欧洲版图的可达性,减少旅行时间,使周边地区更接近中央区域,某些外围城市的可达性将大大增强。欧洲高速铁路网络将带来广泛的利益,从某种意义上讲,这些将影响到整个欧盟的经济区域。可达性增幅最大的地区将是外围区域(图 2-5),减少了这些地区的区位劣势并显示了欧盟的整体性。

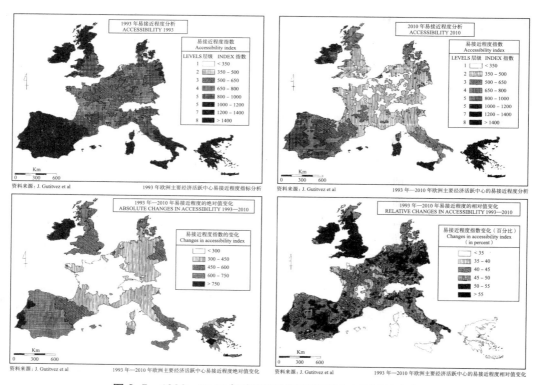

图 2-5　1993—2010 年欧洲主要经济活跃中心可达性变化

由地图上增加的可达性的相关数据(图 2-5)可以看出,大的城市群是这一新的空间秩序的主要受益者。这一新形势下,对城市发展起决定性的作用是要改善并发挥区域交通基础设施,并将剩余的地区连接到高速车站。尽管某些地区空间位于高速铁路网络之外，但只要能够有效地接入高速铁路网络，便可以从大都市区的扩散效应中受惠。

欧洲经济活跃中心可达性分析　　　　　　表 2-3

1993 年城市排名	英文名称	1993 年平均数值	2010 年平均数值	1993—2010 年的差异	
				绝对值	百分比
71 爱丁堡	Edinburgh	1026.50	449.11	577.39	56.25
72 萨拉戈萨	Zaragoza	1042.00	493.70	548.30	52.62
73 哥本哈根	Copenhagen	1060.92	568.82	492.10	46.38
74 格拉斯哥	Glasgow	1078.93	440.96	637.97	59.13
75 巴伦西亚	Valencia	1079.33	479.98	599.35	55.53
76 毕尔巴鄂	Bilbao	1084.67	453.31	631.36	58.21
77 巴利亚多利德	Valladolid	1129.20	519.03	610.17	54.04
78 巴里	Bari	1173.95	549.81	624.14	53.17
79 马德里	Madrid	1206.85	516.20	690.65	57.23
80 阿利坎特	Alicante	1250.55	586.86	663.69	53.07
81 科尔多瓦	Córdoba	1305.64	614.38	691.26	52.94
82 塞维利亚	Seville	1333.37	642.12	691.25	51.84
83 穆尔西亚	Murcia	1337.08	674.22	662.86	49.58
84 马拉加市	Málaga	1486.47	795.21	691.26	46.50
85 格林纳达	Granada	1520.71	822.86	697.85	45.89
86 帕尔马	Palma de Mallorca	1561.17	1098.51	462.66	29.64
87 拉科鲁尼亚	La Coruña	1596.13	942.50	653.63	40.95
88 波尔图	Oporto	1650.65	798.93	851.72	51.60
89 里斯本	Lisbon	1689.20	719.36	969.84	57.41
90 巴勒莫	Palermo	1742.48	1241.00	501.48	28.78
91 卡塔尼亚	Catania	1743.11	1241.36	501.75	28.78
92 都柏林	Dublin	2048.97	851.33	1197.64	58.45
93 塞萨洛尼基	Thessaloniki	2187.11	1744.79	442.32	20.22
94 雅典	Athens	2548.87	1894.21	654.66	25.68

　　因此，从尺度更大的区域发展层面上来看：第一，高铁可以使区域发展的优势集中在设站城市，原本位于高速铁路沿线而未设站的城市，因为高铁的通车反而使其交通可达性相对变低，本可以流入该地区的物质流与非物质流，可能会被高铁设站城市吸收，因此这些差距越来越大。受设站城市的吸引，未设站城市的部分产业或人口也会被设站城市吸纳，自身发展要素外流，尤其是未进入高铁网络的边缘地区发展会更落后，原有城市功能也会被演替，城镇体系发展呈现两极分化、区域的不平衡发展，

最终造成城市空间形态在不同程度上的削减和增加；第二，只有高铁两端城市的能级相当，人员、信息和资源的流动才会动态平衡；在城市能级水平相差较大的区域，对于资源配置能力强、体量大的城市，高铁就会发挥吸铁石效应成为城市发展的引擎，吸引区域内的优质资源的集聚；相反对于资源贫乏的城市，高铁的开通恰好加速城市人员、信息和资源向周边更高能级城市的外流。这种情况与"马太效应"类同，最终导致强者越强，弱者越弱。

这种现象如果用一种比较形象的系统来比喻，就如同一套供水系统，高铁沿线一定范围内的区域作为取水区域，每条高铁线路就如同一条水管，在高铁线上设站的城市就像装上了水龙头（图2-6），虽然存在物质流与非物质流的双向流动，但如果将流动方向按照流量方向绝对化，则可以看出：第一，区域内不设站的城市只供给不吸纳，处于整个系统的最底层；第二，高铁沿线区域内设站的城市有供给有吸纳，处于系统的上层，但是它们之间也有明显的不同；第三，不同设站城市之间供给与吸纳的作用力来自原有城市规模、城市等级、基础设施、高铁汇聚条数等等，一般来说，这是对原有城市等级的一种固化。

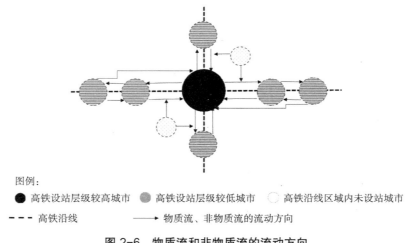

图例：

● 高铁设站层级较高城市　　● 高铁设站层级较低城市　　○ 高铁沿线区域内未设站城市

- - - 高铁沿线　　　　　　　　⟶ 物质流、非物质流的流动方向

图 2-6　物质流和非物质流的流动方向

2.4　高铁客运站布局方式对城市空间的影响

高速铁路客运站在城市中的位置选择关系到一个城市未来经济社会的发展。因为重建或新建的高速铁路车站地区，可达性更好，基础设施更为先进，也就更容易产生吸引力。如果不加以正确引导，所产生的结果可能会有悖于城市的战略性规划，错误

地引导了城市空间的发展或起不到应起的发展促进作用。这种选择也是基于城市现阶段发展规模、产业结构、城市等级、发展前景预测等诸多经济、社会，以及技术方面的因素所作出的。

2.4.1　强化既有城市中心

欧洲大多数的大城市中，火车站和铁路线建造在 19 世纪快速城市化阶段之前，因此，火车站都位于古老城市中心附近。这就是为什么，许多城市火车站位于或接近城市中心，使他们吸引人力进入中央商务区工作并促进游客娱乐或购物（Eric Pels and Piet Rietveld，2007）。在欧洲现有的高速铁路车站当中，许多是由城市原有老火车站翻新而来。高速铁路客运站强化既有城市中心的能力也多是通过对旧有车站改造而体现的，在坐落区位、商业竞争、城市区域品质方面对城市中心区的继续发展带来了影响。火车站不能仅仅只视为一个交通换乘的节点，在那里发生的运输流动、出现大量的高价值活动空间等诸多方面，都对城市产生了积极的影响。

（1）在车站位置方面，接近城市中心区，可为城市中心区提供便捷的交通，提高其整体竞争力。

波尔（Pol，2002）概述了随着高速铁路开通对城市的影响（也见 CEAT，1993 and van den Berg & Pol，1998）："连接一个城市的高速铁路网络可以被看作是对城市区域的一个外部推动力……就旅行时间和（直接）运输费用而言，高速铁路会将城市连接得更加紧密。尤其是直接进入主要城市中心的能力将得到改善，因为许多高速铁路车站都在城市中心。"舒茨（Schütz，1998）和波尔（Pol，2002）认为城市结构隐含了单中心（monocentric），高速铁路车站被看作是城市的中心，与城市区域联系紧密，会对城市带来深远的影响。

随着城市规模的不断增大，许多车站地区都处于成为城市中心地区的有利位置。由于 20 世纪所建造城市的局限性，当时修建的火车站，今天大多处于都市核心或高密度、多样化的边缘。这些车站的可达性以及便捷程度已经大大提高了，并包括大块待开发的土地（主要是由于搬迁和所附货场空间）。贝尔托里尼（Bertolini，1996）认为，在这种情况下，其作为节点（即连接的功能）和场所（即毗邻有价值的土地）的特征使他们有可能形成城市的活动极并巩固这种位置。

事实上，在欧洲有很多城市都采用的是更新既有火车站作为高速铁路车站的做法，例如荷兰住房部，将高速铁路车站周边列为空间规划和环境处理新重点，除了阿姆斯特丹的 Zuid WTC 中心站，所有新的车站项目都位于城市中心。

（2）在商务方面，以原有中心区商务作为主体，高速铁路客运站区内商业仅提供补充性商业服务。

新建或更新的高速铁路车站周边，从交通便利性、城市基础设施等城市区域品质上会优于原先的内城地区，如果进行竞争，无疑会将部分商业从原有的城市中心区抽离，造成原有城市中心区在城市范围内重要性的下跌。为避免不恰当的竞争，只导入内城缺少的商务项目作为内城商务主体的补充，是高速铁路车站地区为加强原有城市中心区中心性所必须面对的一个问题。

以欧洲里尔项目为例，欧洲里尔项目与内城的功能之间可能存在相互竞争，尤其是在零售业方面，这让该方案引来众多的质疑和反对意见。因此，在发展过程中必须考虑采取一定的措施，以防止欧洲里尔对城市内部现有的商店造成过大的压力，在这两个区域中的零售业之间做好协调。首先，欧洲里尔中心削减了部分购物空间。其次，欧洲里尔中心内部 37% 的零售空间预留给了内城商铺的分店。最后，欧洲里尔商业类型的定位将不会与内城零售业直接竞争，特别是创新方面与专业化的产品（Bertolini and Spit，1998）。

（3）高速铁路车站的重新开发，改善了城市中心区附近的基础设施，优化了附近的产业结构，提升了区域品质，使城市中心区吸引力增强。

比如在法国的南特市就利用 TGV 车站修建的契机，促进了产业结构的调整，改善了中心市区的品质，从而增强了城市中心区的辐射影响作用。南特的 TGV 西北车站建在城市中心，距离城市中心大概有 0.5 千米的距离。这条铁路贯穿南特东西，与卢瓦河（Loire River）并行。车站在距离河的北岸 0.5 千米的地方，车站的西部几乎通过一条运河，运河与卢瓦河相连。车站的北部是一个住宅小区，建筑高度以 4 ~ 5 层为主，有一些办公室和地下零售店。在南部和东部地区以前是制造业厂区，现在主要是 5 ~ 6 层办公楼群。至于站区的西南部分原来也是工业区，在边缘部混合住宅和轻工业区。

南特市的 Lu 地区紧靠车站的西南面，穿过圣菲力克斯（St. Fèlix）运河距离车站仅有 900 米，面积大约 1 平方千米。在重新开发地区的西部边缘区域原来主要是一家销售遍及全球的食品制造公司——Le Petite Beurre 公司的生产车间。该公司已搬迁至南特现代化的新厂区中，老厂区的重新开发就放到了当时政府的议事日程上来。其余的重新开发区主要是住宅，包含一些为居民服务的地下零售店以及一些小型办公楼和轻工业。

Lu 地区的重新开发以下面的一些职能为基准：这是城市中心发展服务计划的一部分，而不是限制城市中心的发展，需要建立一个服务中心增长极，要促进对未完全利用资产的重新开发与利用；鼓励降低经济活动开发成本；增加和提高该地区的房屋供应量（Audic，1992）。

在 Lu 地区一个占地 2.7 万平方米的综合开发用地发展迅速。约一半的土地开发为有综合功能的办公区和酒店会议中心，其他地方将开发为住宅。开发将建成 5.5 万平方米的建筑空间，以 4 ~ 5 层楼为主。一座新的人行道桥横跨圣菲力克斯运河将开发地区与 TGV 火车站直接连通。整个开发费用为 5300 万美元，其中土地成本约占 10%。会议中心于 1992 年 9 月投入使用，其余的项目在以后陆续开放。

另一个在开发区内的重要项目是在会议中心街对面的银行与办公建筑综合体。于 1991 年秋天投入使用，办公面积 1 万平方米，雇员人数达 1000 人。此外，在该地区定居的人数预计会在 1991 年内从 3000 人增长到 6000 人，这也表明大量新住房的发展和对现有土地单位的细化。

最终该区域的开发被认为是市内别处无法与之相比的，它拥有现代化的设施以及邻近高速铁路车站和城市中心的地理之便。因此，此区域内的租金比城市其他地区高出 20%，在前 Lu 地区内的新办公空间的租金已经增长到 13.95 ~ 16.41 美元 / 平方英尺 / 年，Lu 地区在这种由高铁带来的产业升级刺激下，南特市中心的质量与吸引力都有显著提高。

2.4.2　形成新的发展源、新的城市中心

当城市规模较大，大城市地区所有城市以及区域公共交通都连接集中于同一节点，那么城市高速铁路主车站将会负担过重并且周边区域的价值也将被削弱。当单中心的城市结构无法应对城市继续发展的时候，就需要新的城市发展源来保持城市经济社会的发展，来缓解原有城市中心区的压力。

纳卡穆拉等人（Nakamura and Ueda，1989）提供的数据表明，新干线同类似的运输系统一样，自身并不会导致经济增长，但可以从现有的中心分散并吸引发展机会，这样的集聚在交通系统的门户处更加显著。当车站地区与其他交通方式（如高速公路等）交汇时，这种增长将会得到加强。高速公路长期以来对人口以及就业的促进有目共睹（这点可以在美国郊区化的城市得到证实），尤其是汇集位置良好的高速公路入口地区更是可能成为市郊的中心（高速公路交汇处和城市环路）。如同高速公路一样，高速铁路促成的人口、就业和经济活动的增长模式便是从现有的城市中心转移集聚到以高速铁路车站为核心的次中心。

高速铁路车站成为新的城市中心有其必要的条件：（1）位置与原有城市中心区有

一定的距离，一般都处在城市的边缘。与原有城市中心有一定的距离，可以为新的城市中心区发展提供大量土地便于开发，还可以避免初期受到原中心区过大的竞争压力；（2）高速铁路车站与原有城市中心区交通便捷，是该城市乃至该区域公共交通的汇聚处。与原有城市中心区联系方便，可吸纳原有中心区的部分商业以及业务入住新区，成为城市或区域的公共交通交汇处，可以有效地聚集物质流与非物质流，增加新区的吸引力与容纳力；（3）城市规划意图发展明确，城市功能逐步拓展，基础设施品质上乘，可与原有城市中心区进行有效竞争。城市总体规划的意图是新中心形成的本源，规划的执行力度对新区的开发也非常重要。高品质的基础设施与建筑、完善的城市功能，能提供足够的吸引力与原有城市中心展开竞争。除此之外，政府的政策配合也是必不可少的。

由高速铁路车站发展为城市次中心的案例不少，比如以日本新横滨高速铁路车站为例来进行分析。新横滨车站建于距离城市中心区 7 千米的北部欠发达山丘地区，有与横滨市中心区相连接的 JR（Japan Railway）线。然而由于发车频率过低且途中还需要转车，乘坐 JR 线前往市中心需要 30 分钟，在 1974 年旅客流量高峰时曾达到每天 15000 人次，随即跌落到只有每天 10000 人次的水平。这期间新横滨站周边的城市形态还不明显，处在一种缓慢的发展中，能提供的服务业比较初级，直至 1979 年土地开发尚不及原计划的 15%。

随着连接车站与横滨市中心区的地下铁路建成，两者之间的行车时间减少至 12 分钟，现有 JR 线的服务班次也有所增加。这些在交通服务方面的改善让新横滨车站成为一个重要的城市门户。一些原本在 Hikari 新干线上行驶的特别快车开始在新横滨站停靠，补充到当地的 Kodama 线上。1989 年乘客流量跃升至每天 27000 人，这是新干线从 1964 年开通以来所有车站中旅客流量最高的一座。随着交通可达性的增强，物质流非物质流的集聚更加明显，车站周边的城市形态迅速扩展。最终引导了新城市中心形态的形成。

还有一些城市将高速铁路车站周边区域定义为远期城市发展的中心区域，此后城市中心城区将向高速铁路车站区

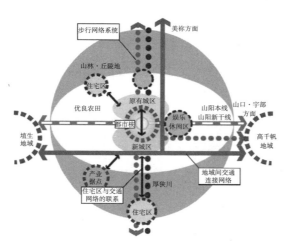

图 2-7 日本厚狭地区未来城市结构
（以高铁站区为核心进行发展）

域转移。比如在日本厚狭地区未来城市结构图（图 2-7）中可以清晰地看到，该城市远期的发展规划便是发展目前处于城市边缘的高速铁路周边区域，使其成为该城市的中心城区（都市核），进而发展出南部的新城区，形成南北城区均衡、围绕都市核发展的城市形态。

2.4.3　郊区化城市入口或专业节点

英国学者朱利安·罗斯（Julian Ross，2007）将火车站分为 14 种类型，高速铁路车站只适合其中的几种。其中专业性节点车站是指除了以上提到的能带来城市中心区形态变化的城市终点站之外，为了方便航空和航海之间的交通转换而设置的机场站或海港站的此类专门化的车站。当然，还有一种情况就是如果高速铁路车站离城市中心区过远，乘坐高速铁路到站的人群就不会停留或停留时间较短，高速铁路车站周围就很难形成密集的城市空间形态，这种车站从某种意义上来讲也更像是一个换乘车站。我国台湾地区的黄麟淇（2004）通过建立模型分析台湾高速铁路系统对地方发展的影响分析认为，强化设站乡镇与既有城市中心联系会对乡镇的人口增长与产业发展有负面影响，相对的会对城市中心区带来正面的影响，这是由于城市中心区的吸引力大于高速铁路设站地区交通便利的吸引力所导致的。

充当郊区化城市入口的高速铁路车站，有其自身的特点：（1）远离城市中心区，与城市中心区连接较为欠缺；（2）人流以通过为主，无法产生足够的集聚，城市功能欠缺，缺乏居住功能，城市空间形态不明显。

日本的岐阜—羽岛（Gifu-Hashima）新干线车站就是因为距离城市中心区过远而成为郊区化城市入口的高速铁路车站。岐阜—羽岛站修建在距离岐阜市中心 15 千米的稻田内，目的是成为市际旅客进入岐阜的门户。但是，由于从车站前往市中心需约 30 分钟车程而且列车到达前需要在名古屋新干线站停靠，最高载客量只是在 1974 年达到了每天 8000 人，此后下降为每天 7000 人。

尽管原先的预测很乐观，但与开站时相比，经过了几乎 30 年，车站区只出现了相对较小的发展，附近出现了一些仓库、餐馆、娱乐中心、停车场和收费站，但它似乎仍然像一个偏远的角落。究其原因，主要有以下两条：

（1）与市中心的连接不通畅，到市中心的运输服务一直没有得到改善。虽然有过一次改进的尝试，直到 1982 年才引入一条连接市中心的城铁线路。新的城铁线路对此局面没有任何改观，因为现有的服务通过名古屋虽然距离较长、耗时较多，但具有较高的频率。Hikari 线上的特快车与 Kodama 本地的列车都停靠在名古屋，只有岐阜当地的火车停在岐阜—羽岛站，这使岐阜—羽岛站的情况更加恶化。而且，乘坐新干线作长途旅行的乘客会经由名古屋绕开岐阜—羽岛站。

（2）由于车站位置偏远，使许多土地开发者犹豫不前。其导致的结果便是居住此地的通勤者越来越多地使用站区周围的土地充当停车场。所有这一切在羽岛也有发生，改善人口和就业率对城市的发展形成了压力。

法国 TGV 东南线上的乐克勒索（Le Creusot）镇也面临着相同的情况，由于站址偏远，与市区的交通联系又不通畅，全新的 TGV 车站并未能刺激当地的发展。乐克勒索镇坐落在一个正处于经济转型的地区，地方煤矿的关闭使得市镇当局希望利用其与巴黎之间的交通便利，刺激当地经济增长。在 1990 年，即 TGV 开通后的第六年，当地与巴黎之间的旅途时间已减少至 85 分钟，但只有两家毫不起眼的公司孤零零地坐落在高速铁路车站周边。

对于机场站或者海港站来说，城市职能更为单一，更多地表现为城市的交通入口。例如荷兰阿姆斯特丹的斯希普霍尔（Schiphol）高速铁路客运站，主要集中了航空运输、高速列车和内城火车之间的换乘功能。由于没有连接市区的轻轨、电车或地铁网络，车站周边的用地功能就变得非常单一，只是在斯希普霍尔广场及斯希普霍尔飞机城建设了许多商店和娱乐设施，还有少量的办公空间，但是因为没有可以驻留的人群，所以也就没有修建住宅。

相比之下，充当郊区化入口的高速铁路客运站的周边地区与成为或促进城市中心的高速铁路客运站的周边地区在城市功能上有明显的差距，由于没有足够的常驻人流，这里的开发仅限于商业设施、娱乐设施以及少量的办公空间。城市空间形态规模较小，发展潜力有限。

2.5 高铁客运站布局方式与城市土地利用的关系

土地利用取决于就业、家庭和其他在可用空间中的活动（几种类型的）分布（Willigers，2006：23）。[①] 土地利用从严格意义上是指一个地理区域的功能类型，例如住宅用地或工业用地。每种土地利用类型按在房地产或其他结构中所占的比例进行分类，房地产可以由居住人口、就业或其他活动所占据，或者留下空缺。高速铁路车站的布局方式与城市土地利用之间充满了互动，高速铁路车站布局既受到城市土地利用

① Willigers，J. Impact of high-speed railway accessibility on the location choices of office establishments[M]. Utrecht：Utrecht University，2006：23.

的影响，同时也影响着高速铁路站区附近地区城市土地的利用状态。

2.5.1　高铁客运站与城市土地利用之间的互动关系

国外学者对城市与交通之间关系的研究由来已久，有了许多理论性的总结与阐述。英国在 20 世纪 60 年代中期对城市形式进行了一系列的探讨，提出了公共交通与私人交通在城市用地布局方面是否存在严重矛盾的问题。1971 年，美国交通部也提出了"交通发展和土地发展"的研究课题。

早期的理论研究者之一——规划顾问詹姆森（Jimson）和麦凯（Machay），结合对大城市的探讨以及新城规划的理论与实践，证明了公共交通与私人交通分别要求不同类型的土地布局，彼此之间存在相当尖锐的矛盾。詹姆森与麦凯认为："公共交通要求公共设施和交通集散点集中在市中心，以便交通线路能够最大限度地服务于众多的人口与社会活动，充分提高公共交通的利用率。但是，服务于小汽车的公路网要求公共设施和交通集散点分散分布，以便以较低的成本获得最大的通达率。"[1] 舍费尔（Schaeffer，1975）和斯科勒（Sclar，1975）系统地探讨了城市交通系统与城市空间形态之间存在的关系，他们认为城市的空间形态经历了从"步行城市"到"轨道城市"直至最终"汽车城市"的演变过程，指出了城市交通系统对城市空间形态演变所起的作用。汤姆逊（J. Michael Thomson，1980）通过对交通方式的研究，认为交通与城市之间相互性质的影响造就了不同的城市格局，根据不同的城市发展策略提出了 5 种不同的城市布局。

一些学者从交通可达性的角度出发，研究了由于交通可达性的不同对于城市土地利用的影响。耐特（Knight，1977）系统研究了交通系统对土地利用的影响，分析了土地可达性、土地连接成片难易程度和土地使用政策等影响土地利用的因素，其中土地可达性是影响土地使用的最重要因素之一。城市交通建设对城市土地价格有着重要影响。新交通设施的建设提高了城市土地的交通可达性，使得在一定通勤时间内所能到达的土地范围增加，而这些土地对开发商更具吸引力，一般认为土地的价格将随之提高（斯多夫和科普克，1988）。贝尔沃德（Baerwald，1981）讨论了交通可达性对住宅开发的影响，指出交通可达性是住宅开发的关键因素，那些不具备公路通道的地块由于缺乏价格竞争力，没有开发的可能性。

有学者从土地利用的角度分析了城市土地利用对城市交通系统的影响，城市土地利

---

① 周文竹 . 土地利用模式下的交通方式研究 [D]. 西安：西安建筑科技大学，2004.

用密度影响交通系统模式。普什卡尔夫和祖潘（Pushkarev and Zupan，1977）经过研究指出，土地利用密度越高，其所需要的交通需求量就越大。[1]尼森（Nithin，1979）研究了土地利用对城市交通系统的影响，系统地总结了规模因素，包括人口、工作岗位和住房以及土地利用规模等；密度因素，包括土地利用密度、人口密度等；布局因素，包括土地利用结构、城市结构、城市中心布局等影响交通系统的土地利用因素。

　　显然，城市交通系统与城市土地利用之间的关系并非简单的单向影响，其中存在着互馈关系。斯多夫（Stover，1988）和科普克（Koepke，1988）经过研究指出，城市交通系统与城市土地利用之间存在双向反馈的作用，它们之间会形成一个作用圈，充满作用与反作用。韦格纳（Wegener，2004）从土地利用与交通活动之间的关系出发，用"土地利用与交通反馈环"（图 2-8）这样的环状结构来解释交通活动与土地利用之间的关系。[2]图中可以看到，可达性是吸引力产生的直接原因，它决定了吸引力的强弱，而旅行时间、距离、花费则是可达性变化产生的根本要求，是区位价值的具体体现，值得注意的是，可达性与活动这两种因素处于交通活动与土地利用的关联点上。

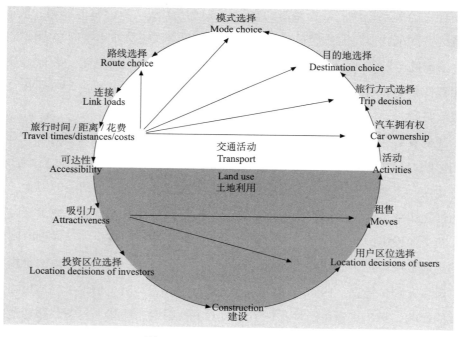

图 2-8　土地利用与交通反馈环

①　Pushkarev Boris M.，Jeffery M.Zupan. Public Transportation and Land Use Policy [M]. Bloomington：Indiana University Press，1977.
②　WEGENER，M. Overview of land use transport models[M]//Hensher，D.，Button，K.J.Haynes，K.E.，Stopher，P.R.（eds.）Handbook of transport geography and spatial systems. Elsevier，Oxford，S，2004.

同样基于交通活动与土地利用之间的互馈关系，我国学者毛蒋兴、闫小培（2002，2005）提出了城市土地利用与城市交通模式的互动机制（图 2-9）。[1][2] 他们认为城市土地利用模式与城市交通模式之间客观上存在着一种互动反馈作用环，在土地利用与交通系统一体演变的过程中，土地利用与交通系统相互制约，相互推动，相互影响直至平衡。还有许多研究者（葛亮等，2003[3];樊钧等，2007[4]）对城市交通系统与城市土地利用互动关系做出了相关阐述。

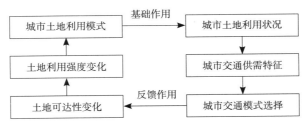

图 2-9　城市土地利用模式与城市交通模式互动机制

城市的土地利用一般分为低密度粗放分散与高密度集约集中两种方式。不同的城市土地利用模式会对城市交通产生不同的影响，直接决定了城市的交通源、交通供需特征、交通方式，从宏观上确定了城市交通框架。而一个城市的交通选择又会对城市的交通可达性产生作用，对城市的土地利用产生反作用力。

高速铁路客运站作为城市的交通门户，是城市乃至区域公共交通的汇聚处，交通可达性的增强会对城市土地利用产生影响，直接作用于城市土地利用模式。同样城市土地利用模式的选择也会对高速铁路客运站区产生影响，直接影响到车站区的空间形态与未来发展。城市土地利用与高速铁路车站之间的互动关系是非常明显的。

例如在法国欧洲里尔项目中，起初侧重于各种不同的设施（表 2-4），设计了大型多功能会议中心、大宫会展中心和大型购物中心等，欧洲里尔中心更是包括了学校和酒店。随着时间的推移与高速铁路业务的进展，建设内容也发生了变化。在欧洲里尔新增加的部分内容和正在实施的该项目的第二阶段中，办公空间与设施之间的比例已趋于平衡。与此同时，自 1997 年以来，该计划的总体规模不断增加，越来越多的周边地区被添加到该项目中（Trip，2007）。

① 毛蒋兴，闫小培 . 城市土地利用模式与城市交通关系研究 [J]. 规划师，2002（07）：69-72.
② 毛蒋兴，闫小培 . 基于城市土地利用模式与交通模式互动机制的大城市可持续交通模式选择——以广州为例 [J]. 人文地理，2005（03）：107-116.
③ 葛亮，王炜，等 . 城市空间布局与城市交通相关关系研究 [N]. 华中科技大学学报（城市科学版），2003（4）：51-53.
④ 樊钧，过秀成，訾海波 . 公路客运枢纽布局与城市土地利用关系研究 [J]. 规划师，2007（11）：71-73.

欧洲里尔项目在不同时期的地产计划与功能组合变化				表2-4
阶段	总面积（m²）	功能组合（%）		
		商业	居住	设施
1997 年规划	273190	41	9	50
1997 年规划，包括大宫 *	348210	32	7	61
当前规划，欧洲里尔一期	611903	38	20	42
当前规划，欧洲里尔二期	190000	47	25	28
当前规划，合计	801903	40	21	39
当前规划，合计，包括大宫 *	876923	37	19	44

注：* 估计

从表中可以看出城市土地开发与高铁客运站站区之间的频繁互动，由于城市对功能需求的不断变化，站区内建筑数量的增减，建筑空间使用功能的变更也处在不断变化中，因此站区本身的城市空间形态便具有了一种弹性的变化趋向，也决定了站区城市空间发展的灵活性。

2.5.2　高铁客运站周边土地利用特征

高速铁路客运站作为高速铁路交通网络中的节点，其周边的可达性较强，这对其周边的土地利用状态造成了很大影响，有比较明显的土地利用特征，细分起来分为以下两种情况：①以高速铁路车站为核心的圈层式发展；②以高速铁路交通为引导的廊道式发展。

（1）以高速铁路客运车站为核心的圈层式发展

城市规模的扩展在很大程度上归功于交通的发展。一个城市无论是集约型布局，还是分散型布局，客观上都有一个中心或多个中心。在人们可以容忍的出行时间范围内，由市中心出发的径向交通距离，通常决定了建成区的用地半径。[①] 城市居民出行时间有其自身容忍的限值，有学者（陆化普，2001）对此做出了总结。[②]

表 2-5 中可以看出城市居民对于城市日常的工作生活出行时间可接受的容忍度，其最终表现为对其所在区位"交通可达性"的追逐。

① 王劲恺.城市公共交通系统与土地利用一体化研究 [D]. 西安：长安大学，2004.
② 陆化普.城市轨道交通规划的研究与实践 [M]. 北京：中国水利水电出版社，2001.

出行目的	理想的出行时间（min）	可接受的出行时间（min）	能容忍的最长时间（min）
工作	10	25	45
购物	10	30	35
休憩	10	30	85

可容忍的出行时间　　　　　　　　　　　　　　　　　　　表 2-5

以高速铁路车站为核心的圈层式发展方式是建立在以"交通可达性"为吸引力基础上的。作为有核心的发展方式，其土地利用曲线可追溯到冯·杜能模型中的由竞租产生的土地使用方式，不同的城市功能按照自身对"交通可达性"的需求或对某种城市功能的依附以及自身的承受能力，分别在距离高速铁路车站不同的位置上密集出现。目前国内外对高速铁路车站区土地利用模式的研究都以圈层式同心圆结构土地利用模式为主（Schütz，1998；Andre Sorense，2000；Pol，2002；张凯，曹小曙，2007[①]；张小星，2001，2002）。这种模式强调以高速铁路车站为中心，环绕车站布置环形商业、餐饮娱乐业、办公以及住宅。其土地利用性质表现为市政场站用地、商业用地、办公（厂房）用地、住宅用地等。

由于火车站重建计划诱发的建筑环境变化与这些空间原有的惯常形态有很大不同。有些车站完全处于地下，而高耸其上的是办公空间与大型购物中心。在铁路车站周边地区，多样化的职能集聚在一起，与机场、交通节点一起正在成为社会活动的磁场，而不仅仅只与交通运输相关：办公空间和商业空间占据主导地位，其他包括体育和娱乐设施、文化教育设施、会展中心、酒店、政府机构、住房以及轻工业。

由贝尔托里尼等学者（Bertolini et al.，1996）对几处高速铁路车站区域开发的案例分析可以看出，由于参与方参与程度不同，高速铁路车站区域的土地利用性质会有所不同。

高速铁路车站地区的圈层式同心圆结构，一般是通过空间的可达性以及车站的作用影响来进行圈层划分的。土地的利用受车站周边经济发展影响，与客流量、消费水平、辐射引力范围有关。

其中国外学者舒茨（Schütz，1998）、波尔（Pol，2002）根据高速铁路车站带来的可达性变化所划分的三个区域具有一定的代表性。他们将高速铁路车站地区划分为一级（primary）、二级（secondary）和三级（tertiary）发展区，分别是在 5 至 10 分钟到达车站的区域、使用合适的交通方式可以在 15 分钟内到达高速铁路车站的区域、到达高速铁路车站耗时超过 15 分钟的区域（图 2-10、表 2-6）。

---

① 张凯，曹小曙. 火车站及其周边地区空间结构国内外研究进展 [J]. 人文地理，2007（06）: 6-9.

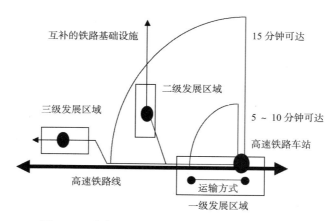

图 2-10　依据可达性对车站地区发展区域的划分

依据可达性所划分的不同发展区域比较表　　　表 2-6

	一级发展区域	二级发展区域	三级发展区域
进出高速铁路车站的可达性	直接 5 ~ 10 分钟 步行或使用自动人行道等运输方式	间接 <15 分钟 多种交通方式（包括旅行及换乘时间）	间接 >15 分钟 多种交通方式（包括旅行及换乘时间）
潜在位置	高层级的国内 / 国际功能区	第二高层级功能 与区位相关的专业化功能区（群）	根据具体区位而拥有不同的功能
建筑密度	极高	高	根据具体情况而定
发展动力	极高	高	有限

　　一级发展区域可以借助一些运输工具（如自动人行道或单轨铁路，用来载运乘客，通常为固定路线）而得到扩大。在这个区域（高速铁路站区），由高速铁路开通带来的预期影响最大。由于邻近高速铁路网络，直接提升其地理位置的价值。一级发展区土地及房地产价值相对较高，多开发为高档办公、居住场所，建筑方面的高层数、高密度成为在这一区域的特征。随着高速铁路的到来，城市参与者会利用高速铁路的接入作为促进区域经济增长的催化剂，将积极主动地投资在一级开发区。

　　舒茨指出，为了接近高速铁路客运站，高档次的职能也可能建于二级开发区，但房产价值和建筑密度将比一级开发区有所降低。虽然在初期，利益相关者不太愿意投资这些区域，但在稍后阶段他们仍然可能进行投资。至于三级区域，即使其可达性有所改善，但是高速铁路可能与这些地区的发展不存在十分密切的直接相关性。

　　曹玲（2006）通过对地铁车站的研究认为，同心圆模式可分为平面和立体两种形式。所谓平面模式就是商业等城市职能环绕地铁车站组成，又分为初期阶段与完善阶段两种类型。而立体形式则是由于地铁车站周边土地的稀缺性，其土地利用强度高。为满足城市经济对物业载体的需要，人们利用建筑技术，在垂直方向利用建筑创造多种多样的载体空间。其建筑使用性质及物业类型为市政区（车站及中转站）、商业区、办公区、公寓区。其特点是围绕车站呈现半同心圆分布。①

　　对于引领城市中心区发展的高铁客运站而言，大多数都是平面形式与立体形式的结合体。但高速铁路车站的这种同心圆模式中，也会呈现出饱满与欠缺的形式区分，其原因是多种多样的：①自然与社会因素，如新横滨车站与荷兰阿姆斯特丹南阿克西斯区（Zuidas）车站项目中，都是因为存在旧有的居民区，而导致车站周边的圈层式发展断裂不均匀；②车站过境类型，深入城市中心的城市终点站因为属于尽端式车站，比较容易围绕形成同心圆，而穿越城市的穿越式车站，则更容易在朝向城市中心的一面形成半圆式发展（图 2-11）；③车站位置，形成或促进城市中心的高铁客运站在没有其他特殊原因的情况下容易形成同心圆结构，而远离市区充当郊区化入口的高铁客运站则更容易在朝向市区的方向形成半圆形的初级城市空间形态。

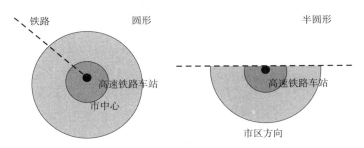

图 2-11　车站过境类型不同而产生的不同的形态

（2）以高速铁路交通为引导的廊道式发展

　　城市沿交通线开发可以增加城市土地利用的密集度，减少土地资源的浪费，因此成为近来可持续交通模式的一种发展方向。20 世纪 90 年代，杰夫等人在对美国俄亥俄州大都市空间扩展进行分析时，提出了城市廊道效应的概念。②宗跃光（1998）将城市廊道分为人工廊道和自然廊道两种，并提出廊道效应指的是交通廊道产生的各种自然、经济、社会综合效应，由此决定了影响交通用地价值的类型和强度，且廊道效

① 曹玲．城市轨道沿线土地利用模式 [J]．城乡建设，2006（06）：58-59.
② Edward J，Shaul K，Howard L. Gauthier. Interactions Between Spreadandbackwash, PopulationTurn around and Corridor Effects in the Inter-metropolitan Periphery: A Case Study[J].Urban Geography，1992，13（6）：503-533.

益遵循距离衰减率，由中心向外逐步衰减。[①]凯里·柯蒂斯（Carey Curtis，2003）指出城市可持续交通模式可以通过整合土地利用和交通规划的关系而获得，并认为"地方活动走廊规划"或许能够成为一种实现整合的有效方法。[②]丹麦的哥本哈根便是以"指状发展"而著名，并以事实证明轨道交通车站周围土地的建筑密度有大幅增加。这种以交通线、公共交通站点为发展核心的发展方式，正是利用了"可达性"因素作为发展吸引力源点，带动周边地产价值上升以达到高密度开发的。比如英国土地政策研究中心的唐·莱利（Don Riley，2001）对伦敦地铁 Jubilee 延长线周边土地价值进行了研究，结果地铁线路对周边土地的升值作用明显。[③] Bernard 等人（Bernard L. Weinstein *et al.*，2002）通过对比轻轨车站影响区以及非轻轨车站影响区的住宅增值率，认为轻轨交通系统能有效增加住宅土地价值。[④]

从可达性的角度分析，高速铁路车站对周边土地利用的影响无疑是巨大的。前文已经讨论过高速铁路车站作为高速铁路交通系统网络上的节点在城市空间发展中所起的作用，从区域的角度来看高速铁路引导了城市空间沿高速铁路轴进行发展，在区域内形成一串连续的城市空间。

从城市的角度出发，高速铁路站区作为城市对外交通的枢纽场所，对多种公共交通工具尤其是轨道交通工具进行了整合，形成了多层次的交通节点网络，这些节点在相互影响下，逐步形成城市土地的廊道式发展。如图 2-12 所示，一方面，以高速铁路车站为核心的公共交通综合枢纽，由于其自身是该城市或该区域对外交通的连接处，所以以"可达性"为标准，高速铁路车站的吸引力最高，其周边的城市空间也相对较大；同样由于"可达性"的原因，公共交通线路上各车站周边也有一定规模的城市空间，但由于"可达性"的逐次降低，其吸引力也逐次减弱并最终反映到了其周边的城市空间形态上。

另一方面，应该看到的是，虽然高速铁路车站自身的吸引力较高，容易围绕其形成城市空间，但如果没有成规模的公共交通网络相支持，该建成区的规模、密集度都会受到影响，该高速铁路车站在区域内的影响力也得不到相应的发挥，从这一点上来说，城市公共交通网络对高速铁路车站周边城市空间的形成作用巨大，正是由于其周边高

① 宗跃光.城市景观生态规划中的廊道效应研究：以北京市区为例 [J]. 生态学报，1999，19（2）：145-150.
② Carey Curtis.地方城市活动走廊：一种真正整合土地使用和交通规划的有效方法 [J]. 王金秋，译.国外城市规划，2003（12）：43-48.
③ Don Riley.Taken for a Ride：Trains，Taxpayers，and the Treasury[J].Centerfor Land Policy Studies，2001.
④ Bernard L.Weinstein，Terry L.Clower.An assessment of the DART LRTon taxable property valuation and transit oriented development[M].Center forEconomicDevelopment and Research.University of North Texas，2002.

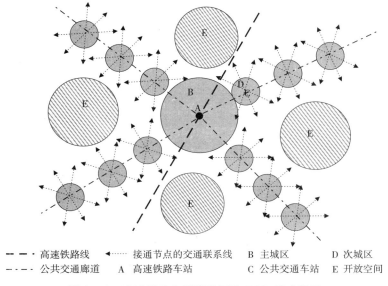

━ ━ ━ 高速铁路线	◀┈▶ 接通节点的交通联系线	B 主城区	D 次城区
━ ·━ · 公共交通廊道	A 高速铁路车站	C 公共交通车站	E 开放空间

图 2-12　高速铁路车站引导下的 TOD 模式发展

密度的公共交通网络的支撑，高速铁路车站周边的城市空间形态才得以形成。从某种意义上讲，高速铁路车站周边的空间形态直接涵盖了某些公共交通节点所形成的城市空间。同样，公共交通节点的城市空间规模也决定于其次级公共交通网络的完善程度与连接程度。最终这些连续出现的节点空间形成了沿轨道或其他交通线的廊道式发展样式。

2.5.3　高铁客运站周边地区土地集约化利用技术

土地的集约化利用是与土地的粗放式利用相对应的一种土地利用方式，这种概念首先来自农业。所谓集约经营是指在农业生产过程中对农业用地投入一定量的劳动、资本和技术。在土地经济研究领域，人们一致认为：土地利用集约度指单位面积土地上投入的生产要素，如原材料、劳动力、资金、技术等的密集程度。

对于城市而言，土地集约化利用是指在城市土地上投入资金、技术等要素，也就是提高相应城市土地的开发强度。城市土地由于各类功能活动集聚导致空间的集中，同时，"规模经济"效益使这种聚集活动随城市规模的扩大而不断得以增强，并呈现等级提高的趋势。相应地，该地块上的容量随着聚集活动的增加而扩大。但是，对于土地的利用，一个很重要的理论是土地报酬递减理论，即在一定条件和其他要素不变的情况下，土地收益随着某一要素投入量的增加而出现由递增到递减的趋势。所以城市土地的集约化利用存在着一个度的问题，也就是所谓的有机集中，其目标不是开发强度的无限制增长，而是指土地利用的收益最大（王劲恺，2004）。

（1）工程技术手段实现的集约化发展

高速铁路车站服务区域内的人流是否可以顺利、快捷地到达车站是高铁车站与城市交通之间的重要关系。高铁车站周边土地状况会对高铁站区空间形态的形成起到重要作用，其中土地的使用成本与利用效率尤为重要。土地的使用成本关系到车站的建设规模与使用情况，可间接影响到车站的服务半径与辐射范围。一些车站由于初期选择位置成本昂贵，车站位置被迫他迁，造成站区城市环境变化。例如德国卡塞尔政府原本打算将新的 ICE 车站建在现有的城市中心老火车站地下，但是，过于昂贵的成本使新站最终选在距离市中心以西 3.5 千米交通相对方便的位置。

土地的利用效率则是对车站地区建筑密度与建筑容积率直接的影响，与车站周边城市空间形态的形成关系密切。低密度开发模式土地利用单一，功能分离，开发强度低，易造成土地浪费；高密度开发模式土地利用综合化、多元化，功能叠加，土地开发强度高，对土地利用充分。显然高铁车站周边地区比较适合集约型高密度的土地利用模式，确定土地利用模式后发掘更多的建筑基地面积就变得更为迫切。按照我国《铁路运输安全保护条例》规定，铁路线路安全保护区的范围在城市市区内从铁路线路路堤坡脚、路堑坡顶或者铁路桥梁外侧起向外的 8 米，在此范围内不准修建建筑物。与安全范围相比，噪声、小颗粒污染物等污染对铁路线路两侧的建筑建设影响更大。在一些高铁车站区的开发案例中，铁路的上盖工程成为争取建设用地、改造用地周边环境的一种有效方式。

上盖工程指的是以工程手段对裸露在外的铁轨进行包裹，从而起到节地与降噪的目的。其对土地集约化利用的作用方式有以下两方面：1）直接增加可利用土地面积，如果不修建上盖工程，项目将减少一部分宝贵的建筑面积，比如在高速公路和铁路上部及其周边。2）减少噪声以及小颗粒污染物对周边的侵袭，从而达到扩大土地利用方式的目的。由于环境法规和产生的交通噪声污染不允许在毗邻车站的范围内建设公寓。出于同样的原因，这些宝贵的面积对于其他城市职能也不适合。实施上盖工程以后可以有效防治这些污染，使得靠近铁轨附近开发成为可能（图 2-13）。

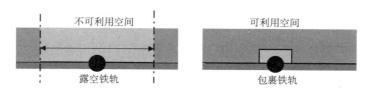

图 2-13　上盖工程对土地集约化利用示意（剖面）

　　上盖工程可以有效增加车站周边的土地利用强度，增加建筑空间。表 2-7 显示了荷兰阿姆斯特丹南阿克西斯区车站项目修建隧道等基础设施后的建筑效果，从表中可以看出，如果不修建隧道对铁轨进行包裹，那么可建设的面积相差达 2.5 倍之多，其功能组成，特别是居住功能所占比例下降得也尤为明显。

　　德国的法兰克福车站是利用上盖工程进行站区可利用土地改造的典型车站。由于车站体型巨大且位于城市中心区，其所占用地已经对用地紧张的法兰克福造成了很大的困扰，因此为节省城市用地调整城市结构规划，对法兰克福整个车站进行改造，将其埋入地下 20 米深。

南阿克西斯区车站项目有无隧道情况下地产项目的对比　　　　　　　　　表 2-7

具体情况	合计（m²）	功能组合（%）		
		商业	居住	设施
有隧道	2362000	42	45	14
没有隧道	927000	46	36	18

　　在对该区域的改造设计中采取了以下措施：保持站前广场主体建筑的原貌并依然作为整个新车站的主入口，车站的弧形顶棚也得到了保留，在其下新建了一个商业走廊连接地下铁路。在这个新开辟的下沉空间周围，环绕着长达 2 千米的店面，不仅给予人们强烈的印象，也在结构上为上面的钢结构屋顶支撑。主要铁路被引入地下，腾出了大量土地用来修建一座长度达 3 千米的区域中心公园，使该区域呈现出一种独特的面貌。利用车站改造腾出的土地，沿公园周边修建了高密度的高层居住建筑，并与两座高层办公楼取得建筑空间上的平衡（图 2-14）。[①]

图 2-14　德国法兰克福车站改造前后对比

---

① 王珏. 法兰克福火车站区改建 [J]. 世界建筑，2001（06）：46-50.

　　使用上盖工程解决土地利用难题的还有德国的斯图加特火车站，1995 年，斯图加特提出了火车站设计竞赛，为开发城区内铁路地下改线后约 109 公顷的空余用地提供咨询。斯图加特车站位于内城中心，是终端式火车站，毗邻城市主要的商业步行街。经过可行性研究，最终决定以地下穿越式火车站取代地面终端式。铁路地下改线后腾出的 109 公顷用地中，计划居住人口为 11000 人，容纳就业 24000 人。[①]

　　工程技术对站区改造，还可以用来解决铁路对城市造成的交通难题。在法国巴黎塞纳河左岸地区的整治计划中，使用了"双层空间"的做法，新的道路网络覆盖在原有铁路线上，利用了原来铁路占据的大片空间（图 2-15）。[②]

图 2-15　巴黎塞纳河左岸改造

　　由以上的例子可以看出，工程技术手段可以有效提高高速铁路车站附近的土地可使用面积，增加利用强度，促进土地使用功能的多样化，改善城市的交通连接，加强人口集中与就业。但工程所需的资金较为庞大，只有当城市社会经济发展到一定程度后方可实施。

　　（2）一体化综合性的开发方式

　　铁路对城市空间的割裂作用一直以来被研究者所诟病，而标志性的孤立的铁路站场占用了大量的城市可利用土地。如何能充分利用铁路站场周边的土地，达到土地利用集约化的目的，是许多城市规划者思考的问题。通过一体化综合性的开发方式，使车站真正融入城市，从而起到高效利用土地的目的，正如在荷兰建设的新乌德勒支中央车站的规划所表现的那样，新车站实际已经开始融入城市肌理。这里车站很小，几乎没有站房，铁路建筑的概念有消失的倾向（罗斯，2007）。

　　高速铁路车站与周边土地的一体化综合性开发，能将包括车站在内的站区土地综

① 王瑾.火车站与城市现代化 [J].世界建筑，1998（4）：40-42.
② 周俭.张恺.在城市上建造城市 [M].北京：中国建筑工业出版社，2003.

合利用，减少了其中的开发矛盾，梳理相互关系，避免造成日后车站的交通节点功能与周边城市功能的相互冲突。同时引入车站的综合性设计，能有效增加车站及其附属公共设施的使用效率，加大与周边其他城市功能区域的互动，起到充分利用土地的目的。一体化综合性开发可以分为城市规划与建筑设计两个层面，即：1）城市规划层面上的站区土地的一体化开发规划；2）建筑设计层面上的车站综合化设计。

1）站区土地的一体化开发规划

高速铁路客运站区的一体化开发是目前西方发达国家新建或重建高速铁路车站时常用的方法，此举一可为铁路及铁路车站的建设筹措资金，二可以通过一体化城市规划结合铁路发展与城市发展的要求综合考虑问题、解决问题，是城市可持续发展的需要。

车站周边的土地资源必须统一规划、一体化开发，方能以车站的规划建设为契机，引导城市产业结构与空间形态的发展，建立公共交通导向的城市土地利用形态，经营好城市土地资产，促进城市与铁路间的良性互动，实现社会、经济、环境的协同发展。

2）车站综合性设计

铁路客运站建筑作为肩负交通功能与城市功能的建筑内容本应综合多样，但长期以来，交通功能作为压倒性建设内容的设计在铁路车站的设计中占据主流地位。但随着城市的发展，原有车站地区对于城市中心区的相对距离越来越短，铁路车站用地与城市土地利用之间的矛盾也就越来越突出。关于这种变迁，迪特尔·巴特茨科（Dieter Bartetzko）在其著作中描述道："近来，在卡赛尔、科隆、海德堡这些城市，古老的火车站似乎正在向商业区、展示中心和文化中心转变"。将铁路车站建筑综合性利用，为原有单一的铁路车站用地加入多样的城市功能，就变为解决城市发展与铁路发展矛盾的一种手段。王腾等人（2006）认为交通综合体的积极作用表现在以下几方面：①成为城市再开发的重要组成部分；②是城市紧凑发展高效运作的保证；③对促进我国目前的轨道交通发展，公交先行战略有特殊意义。

日本对于客站综合体的研究与实施较早，初始的目的是出于经济的考量，日本国铁希望通过高度利用国铁地产的方法，使之成为直接收入的一大来源。具体来讲，"客站综合体"把公共汽车终点站、停车场、公司、集团等城市分支机构、旅馆、商业设施等合并在一起，成为车流终点站和商业中心。此外，作为城市居民活动场所的客站综合体也是一个信息交换的场所和城市居民日常活动的场所。它不再仅仅是直接为旅行服务的公共建筑。[①]

---

① 张一德. 日本新型客运站：客站综合体 [J]. 中国铁路，1983（09）：38-40.

　　高速铁路车站的综合性设计体现在两个方面：①运输功能方面，突出高速铁路车站作为高速铁路网络中节点的重要性，成为城市对外交通的起止点、城市公共交通的整合处，便于与市内其他区域的连接；②城市功能方面，突出城市功能的多样性，集商业、娱乐业、办公、文化业等多种城市功能于一体，能有效地汇聚人流，成为市民城市生活中的日常交流场所。这种综合性设计的主要目的是能有效利用车站土地，将车站融入城市的大环境中（表2-8）。

旧有铁路车站建筑与客运综合体功能比对　　　　表 2-8

车站模式	功能内容	与城市空间的关系	土地利用效率	集聚人流能力
旧有铁路车站	功能内容单一，只强调对外的铁路运输功能	孤立于城市空间之外	大片土地被单一功能占据，土地利用效率低下	人流活动单一，无法成为城市日常交流场所
客运综合体	功能内容多样，既强调运输功能，也强调车站的城市功能	融合于城市空间之内	多种功能同时存在，土地利用效率高	人流活动多样，能有效地集聚与疏解人流

　　日本京都车站大厦占地38076平方米，总建筑面积237689平方米，地下3层，地上饭店部分16层，百货商店部分12层，塔屋5层。它是由饭店、百货、文化设施、停车场及站台这5个部分组成的复合建筑，其中，车站的面积仅占总面积的1/20。[①] 该车站的东广场和西边的大空广场已成为市民日常休闲聚会的活动场所（图2-16）。

图 2-16　日本京都车站大厦

　　同样作为车站综合体建筑，在我国香港的九龙车站设计方案中，设计师特里·法雷尔为了适应城市的发展和未来交通系统所要承载的密度，整座城市以交通建筑为

① 赵京. 当代社会环境下我国综合铁路客运站发展研究 [D]. 天津：天津大学，2006.

核心，分层布局，酒店、写字楼、住宅、社区服务设施通过交通层面与在下层的公共空间、购物区以及最上一层平台广场、公园、汽车与人行路线相联系，构成了一座平衡的、整体的、条理清晰的超级交通城市。车站半埋于地下，广场不再是建筑间的空地，而成为车站的屋顶，一个承载着各种交通与休闲作用的公共平台。

　　车站综合体除了能拓展城市功能，增加车站地区的土地利用效率以外，还可以承担起地区经济发展的起始点作用，为城市发展提供初始动力。韩国的龙山 KTX 高速铁路车站不仅引发了当地的经济发展，并且围绕着车站形成了拥有计算机中心、文化设施、休闲娱乐设施、购物空间、餐厅以及停车场的综合建筑（图 2-17），极大丰富了该地区经济、社会生活空间。有鉴于该车站综合体的成功，当地政府计划围绕该综合体进行规划，使其成为首尔的新发展区。①

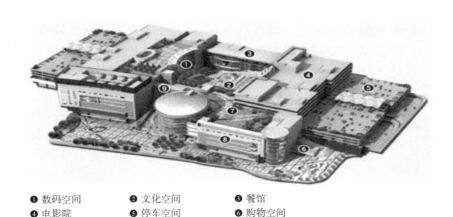

❶ 数码空间　　　❷ 文化空间　　　❸ 餐馆
❹ 电影院　　　　❺ 停车空间　　　❻ 购物空间
❼ 屋顶停车　　　❽ 时尚空间　　　❾ 车站设施

图 2-17　韩国龙山 KTX 高速铁路车站综合体

　　其他诸如日本大阪车站、欧洲里尔车站、德国斯图加特车站等高速铁路车站均是以综合楼的方式进行设计建造的。随着城市用地与车站用地之间的冲突愈发严重，车站综合体的出现也越来越普遍。这种设计方式可以高效地利用土地，并能够丰富车站区的城市功能，对于用地趋于紧张的我国城市而言，可作为未来大都市区进行高速铁路车站设计的一种设计模式。

---

① 　Shin Dong-Chun.Recent Experience of and Prospects for High-Speed Rail in Korea：Implications of a T-ransport System and Regional Developmentfrom a Global Perspective[EB/OL].（2005-06-01）[2013-04-0-1].Instituteof Urban and Regional Development.Berkeley：University of California，2005：02. http：//www.iurd.berkeley.edu/publications/wp/2005-02.pdf.

2.6   本章小结

　　高铁站区与设站城市空间两者之间会产生相互的反馈作用和相互影响，对于空间变化特征的研究需要针对不同尺度和层级的空间背景。高铁和城市在相互作用的力量下在两者之间产生不同的影响（促进作用或排斥效应）：高铁的开通打破了城市的边界，高铁对城市空间的影响将是一把双刃剑，在城市间产生不同影响，可能为城市带来资源，也有可能是资源流失。也就是说，高铁作为城市新的要素，它必须有城市其他相应要素的支撑，才可以和既有城市空间进入良性的空间发展。高铁站区和城市空间在各自发展进程中相互作用、相互影响，高铁引导了城市空间的演化，反过来城市空间产生的变化也客观上影响了高铁站区的发展。高速铁路车站的布局与其所在城市的层级规模关系密不可分，一个城市的地理环境、经济发展、人文历史、未来发展均可对高速铁路车站的布局造成重要的影响。研究两者关系利于新时期下科学分析高铁对我国城市发展的推动作用，进而更好地规划和管理城市，促进城市的可持续发展。

第3章 高铁站点地区空间特征描述：研究实例空间体系分析

3.1 高铁站区的研究范围界定

皮克（Peek）和哈根（Hagen）（2002）认为车站影响范围是车站周边1000米（乘客步行10分钟距离）的区域。林辰辉（2011）根据中国城市规划设计研究院《高铁系统对城市空间结构的影响研究》课题组确定我国高铁枢纽的影响范围为乘客步行20分钟可达的区域。肖扬（2015）认为道路网络结构的评价结果对各尺度下不同的类型可达性偏好并不一致，靠近性只有在半径1.2 ~ 2千米范围内会影响人的行为，对于步行15分钟尺度下的道路网络结构有最高的偏好倾向。综上，借鉴之前的研究成果，结合圈层理论在轨道交通站点空间研究占据主要地位的特征，本次研究选取以高铁客运站点为圆心，2千米的辐射半径为高铁客运站区的空间研究范围，以500米为半径将研究范围划分为四个圈层（图3-1）。

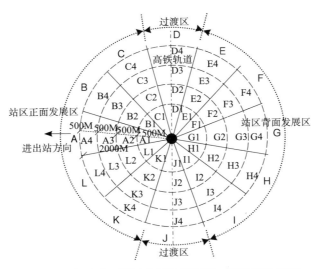

图3-1 高铁站区圈层空间增长区域、区块划分模型

如果深入细致地研究站区圈层内每个建设斑块的变化并分析其发展的秩序，则需要统计站区开通至今历年建设斑块的增长状况。如图 3-1 所示，将站区四个圈层以站点为圆心进行十二等分，共划分成 12 个区域、48 个区块。根据车站进出站方向和铁轨的分割将整个圈层研究区域划分为站区正面发展区、站区背面发展区及过渡区三类区域。站区正面发展区面向既有城市方向，是站区人流集聚度最高的区域；站区背面发展区则背向既有城市，一般不设置进出站口；过渡区是由于在 2 千米的范围内，该区域过于贴近高铁轨道，存在"驱离效应"，土地利用困难，一般仅能作为绿化与交通来使用。根据历年建设斑块的增长状况，按照开发时间顺序，选取相同的时间截面依次与图 3-1 研究模型套合，产生不同区域与不同区块的斑块分布状况，可以清晰地辨析每个站区的空间变化特征。本研究试图从站区历年空间开发特征、站区空间增长方向、圈层空间增长集中区位三个方面探讨站区空间形态变化特征。

3.2　研究数据采集

本研究数据涉及 14 个高铁枢纽站点周边 2 千米范围内空间开发进度、站点与城市建成区的距离、站点与既有城市公共交通接驳状况等。

1. 空间开发进度。通过谷歌卫星地图对 2012 年 12 月至 2017 年 10 月的空间增长斑块情况进行识别、提取和矢量化计算，得到了已开发用地面积；重点对站点周边重大基础设施、自然资源、市政道路、建设斑块等空间要素结合当地规划部门提供的相关资料进行提取和核实后进行绘制。通过获取的数据矢量化除以研究范围的总用地面积得到已开发用地比率。

2. 站点与城市建成区边缘的直线距离来自谷歌高清卫星地图测量，并与规划部门提供的资料进行核实。

3. 站点与既有城市公共交通接驳状况包含公交站线覆盖面积和城市建成区面积两个数据。其中公交站线覆盖面积根据高德地图统计了站点 500 米范围内的公交站线并计算相应的覆盖面积；城市建成区面积来源于 2016 年河南省统计年鉴。

4. 扇形角度分析法。扇形角度分析法是指以高铁车站站点中心为圆心，半径 2 千米研究范围内，由圆心引直线与所有建设斑块的外侧相连接得出的夹角值。由于夹角受到斑块所在位置的限制，并不能完全清晰地表达建设斑块展开的角度，因此需要在扇面空间夹角中算出斑块面积，以斑块面积除以扇形面积得出比值，以城市平均密度为参考值来修正夹角的度数，从而得到相对准确的站区建设斑块角度数据。不同城市发展的时间、程度不尽相同，单一使用一种城市密度会使分析不尽客观，根据前期研究高铁站区对城市空间的带动效应明显，存在成为城市中心区的可能性，高铁站区内开发强度一般较高，所以以相关城市的既有城市中心区作为参考区域，选取半径 2 千米的范围通过计算其建设斑块来得到其密度值，用来作为该城市斑块的密度水平。其中 $S_{斑}$ 为扇形中建设斑块的面积，$S_{修}$ 为修正后扇形的面积，$D_{平}$ 为城市斑块的平均密度，$n^{\circ}_{修}$ 为经过修正后的圆心角。

$$\frac{S_{斑}}{S_{修}} \times 100\% = D_{平} \;;\; S_{修} = \pi R^2 \times n^{\circ}_{修}/180^{\circ} \;;\; n^{\circ}_{修} = \frac{S_{斑}}{D_{平} \times \pi R^2} \times 180^{\circ}$$

扇形角度分析法可以通过计算比较客观地得到站区与城市的空间关系类型，未来可以作为评估站区成熟程度、分析站区成长阶段的一种方法。

3.3　高铁站点地区空间形态特征分析

选取站点刚开通的时间为统一的时间截面可以发现各站点地区建设开发时间存在很大差异。通过谷歌卫星高清地图获取的影像资料可以看出：部分站区如许昌东站和驻马店西站在站点开通（2012 年）之前已经具有一定规模的建设开发基础，做好了高铁站区周边与城市建成区之间的建设开发对接工作。部分站点地区的建设开发时间与高铁线路开通的时间同期进行，还有部分站点地区周边至今未被开发建设。

3.3.1　总体空间开发进度

以站区已开发用地比例作为衡量站区总体空间开发进度的重要指标。以 2017 年10 月的卫星图像作为参考依据，将站区研究范围内的建设开发用地进行矢量化统计可以发现：研究站区从站点开通至今空间开发进度存在巨大差异，其中，郑州东站、洛阳龙门站、鹤壁东站和许昌东站的开发进度较快；大部分站区（漯河西站、安阳东站、驻马店西站和信阳东站）从站点开通至今站区开发进度较缓慢或以微量的空间增长；还有部分站区（巩义南站、明港东站和灵宝西站）周边仍未被开发（图 3-2）。

3.3.2　站区历年空间开发特征

除去零增长的明港东站、灵宝西站和巩义南站三座站区之外，大部分城市和县镇的站区空间出现了不同程度和不同形式的增长。以站点开通时间（2017 年 10 月）至今的一段运行周期为时间轴线，选取每年相同的时段为时间轴上的关键节点来观察站

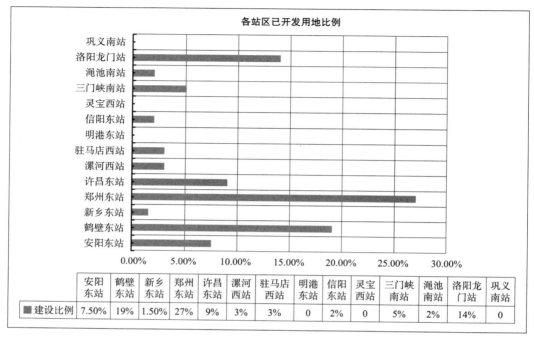

各站区已开发用地比例

	安阳东站	鹤壁东站	新乡东站	郑州东站	许昌东站	漯河西站	驻马店西站	明港东站	信阳东站	灵宝西站	三门峡南站	渑池南站	洛阳龙门站	巩义南站
建设比例	7.50%	19%	1.50%	27%	9%	3%	3%	0	2%	0	5%	2%	14%	0

图 3-2　研究站区已开发用地比率

区的空间增长，将增长的建设斑块矢量化计算并统计。可以看出每座站区历年的空间增长都显现了自身的特征。依据历年空间增长大致的特征将研究站区案例划分为以下四种类型：①每年匀质增长；②前期开发迅速，后期发展缓慢；③前期发展缓慢，后期增长明显；④空间开发长期缓慢、停顿，增长不太明显（表 3-1）。

高铁站区历年空间增长特征　　　　　　　　　　　　　　　　　表 3-1

站区历年空间增长特征	代表站区	空间发展评价
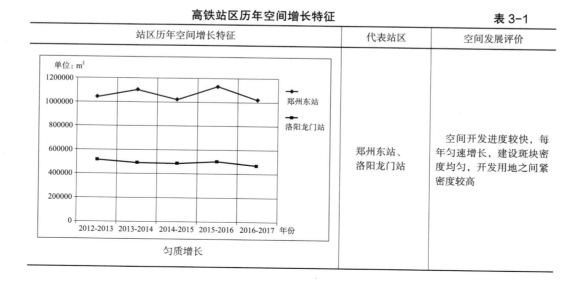	郑州东站、洛阳龙门站	空间开发进度较快，每年匀速增长，建设斑块密度均匀，开发用地之间紧密度较高
匀质增长		

续表

站区历年空间增长特征	代表站区	空间发展评价
单位：m² 安阳东站 鹤壁东站 许昌东站 前期迅速，后期缓慢	安阳东站、鹤壁东站、许昌东站	每年空间增长量反差较大，扇形内斑块密度不太均匀，开发用地较分散，各地块之间联系较弱
单位：m² 漯河西站 驻马店西站 前期缓慢，后期迅速	漯河西站、驻马店西站	空间增长速度较慢，每年空间开发量不太均衡
单位：m² 明港东站 灵宝西站 新乡东站 巩义南站 三门峡南站 渑池南站 信阳东站 长期缓慢发展	明港东站、信阳东站、新乡东站、灵宝西站、三门峡南站、渑池南站、巩义南站	空间增长停顿、迟缓、增长不太明显、空间演化的一般规律难以归纳和总结

3.3.3　空间增长方向

郑州东站和洛阳龙门站均属于特等站，其站房在朝向城市建成区和背离城市建成区两个方向都设置了出入口。剩余研究案例中站房的出入口方向均单一地朝向既有城市空间。虽然各站点和既有城市在空间联系形式上存在差异，但是研究站区的空间增长都基本呈现了从城市建成区向高铁车站方向延伸的一般规律。郑州、洛阳和鹤壁 3 座城市的高铁站区与既有城市联系更紧密，在更多方向与城市建成区空间产生了较密集的指状联系，融入度较高，站区周边道路交通体系发展较成熟，建设开发用地之间关系较紧凑，郑州东站站区建设开发地块的尺度较大。新乡、许昌、漯河、驻马店、信阳、渑池、三门峡 7 座城市的高铁站区虽然也与既有城市空间发生了联系，但是开发用地比较分散、开发地块之间紧密度较低，站城空间联系较弱。几乎零增长的信阳东站、信阳明港东站、灵宝西站、巩义南站由于空间开发量较低，无法判断其空间拓展方向。但是十分特殊的是安阳东站站区，其朝向既有城市空间方向空间增长较少，站区的空间发展主要集中在背离城市建成区方向（逆向增长）（图 3-3）。

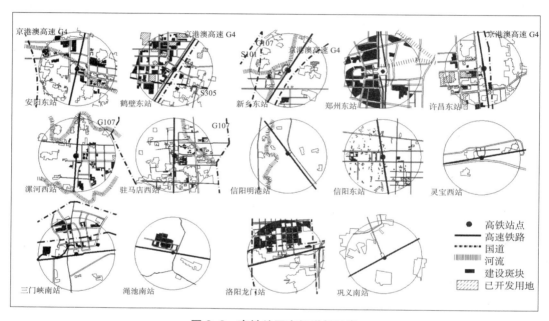

图 3-3　高铁站区空间增长示意

3.3.4　空间增长集中区位

从区域、区块开发频率的角度来看，哪些区域和区块出现的比率越高，表示其容易与城市连接，也相对容易开发。依据 7 座站区开发的区域、区块出现的次数的频率高低进行总体统计并绘制出图 3-4。可以看出：在整体圈层研究区域内，站区正面发展区的开发频率明显高于过渡区与背面发展区；正面发展区的圈层空间开发频率从第一圈层向第四圈层大致呈增

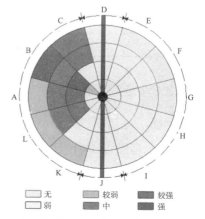

图 3-4　高铁站区区域、区块开发频率示意

强趋势；就单一区域而言，B 区域开发的频率最高；B4 和 B2 区块是开发频率最高的区块。

对研究案例中存在空间增长的 11 座高铁站区按照空间研究模型划分的圈层层次进行嵌套、矢量化计算和总体统计，用统计的已开发用地的面积除以每个圈层的面积从而得到了各站区的每个圈层空间增长比率。

从圈层空间增长比率可以看出虽然各站区总体空间开发进度不尽相同，但是圈层空间的增长从内圈层到外圈层基本呈现逐渐增强的发展特征，外圈层的空间增长明显高于内圈层。但站区空间增长的集中区位基本一致，大部分站区第三、四圈层内的增长明显高于第一、二圈层，其中漯河西站第三圈层的斑块增长率超过了第四圈层，而驻马店西站第二圈层的斑块增长率则比第三、四圈层都高，渑池高铁站区的第四圈层空间出现了零增长（表 3-2、表 3-3）。

高铁站区圈层空间增长比率　　　　　　　　　　　表 3-2

	安阳东站	鹤壁东站	新乡东站	许昌东站	漯河西站	驻马店西站	信阳东站	洛阳龙门站	三门峡南站	渑池南站	郑州东站
第一圈层	5%	4%	2%	3%	8%	7%	3%	0%	3%	12%	1%
第二圈层	20%	22%	3%	29%	15%	31%	14%	15%	9%	48%	12%
第三圈层	44%	32%	46%	23%	45%	16%	16%	35%	21%	40%	37%
第四圈层	31%	42%	49%	45%	32%	46%	66%	50%	67%	0%	50%

高铁站区空间增长特征评价　　　　　　　　　　　表 3-3

名称	高铁站区圈层增长评价	名称	高铁站区圈层增长评价
安阳东站	站区范围内斑块生长主要集中于站区正面北侧，呈指状发展，高铁背面由于存在城乡一体化示范区，斑块生长较快。面临问题较多，距离既有城区较远，高速公路从正面穿越，城中村环绕车站。西侧距车站 2.2 千米处 G4 高速公路从车站正面穿越	郑州东站	站区空间大部分的生长集中在站点西侧，空间发展较成熟，呈现十分明显的指状发展，站点朝向城市方向和背离城市方向的空间增长悬殊较大，研究范围内发展不太均衡
鹤壁东站	站区范围内斑块生长集中于站区正面，发展度较高，高铁背面是总规中的"职教园区"，也有部分发展。高铁车站距离既有城区较近，车站正面建设用地所剩不多，面临跨越高速通道发展的问题	洛阳龙门站	站区空间增长全部集中在站点朝向城市建成区方向，站点背面空间呈现零增长。国道从距离站前广场较近的区域穿越
新乡东站	站区范围内斑块生长较慢，主要集中于站区正面南侧，呈指状发展，西侧 G107 国道从车站正面穿越。面临问题较多，距离既有城区较远，区域内重要的国道从正面穿越，城中村环绕车站	三门峡南站	研究空间范围的建设斑块分布较分散，增长速度较缓慢。两条国道将站点与城市建成区分隔
许昌东站	研究范围内斑块生长主要集中于站区正面，发展度较高。站区与既有城区融合较好，并且还有一定潜力，下一步也面临跨越高速通道发展	渑池南站	站区空间增长较慢，空间增长集中在少部分区域。距离城市建成区太远，发展十分困难

续表

名称	高铁站区圈层增长评价	名称	高铁站区圈层增长评价
漯河西站	圈层范围内斑块生长主要集中于站区正面，发展度较高。两条河流分别从南北方向将车站与既有城区隔开，区域内重要的国道从正面穿越，需要解决好跨越隔离，更好地与既有城市融合	巩义南站	站区空间几乎没有增长，距离既有城市太远，城市带动站点空间发展困难
驻马店西站	站区范围内斑块生长较慢，主要集中于站区正面，发展度较高，既有城区向高铁站区方向延伸发展明显。站区与既有城区未形成有效融合，但发展趋势明显，车站缺乏与高速公路的有效连接	灵宝西站	站区空间几乎没有增长，距离既有城市太远，发展困难
信阳东站	站区范围内斑块生长较慢，主要集中于站区正面。距离既有城区较远，周边地形为丘陵，建设难度相对较大	明港东站	站区空间几乎没有增长，距离既有城市太远，大量城中村环绕站点，发展困难

3.4 站区空间形态变化类型划分

由于站区在空间开发进度、增长方向及增长的集中区位存在差异，导致其空间演变的方式和站区空间形态的最终形成也显现了阶段性的差异。依据其空间形态变化的特征将研究站区进行分类（表 3-4）。

高铁站区空间形态变化类型划分 **表 3-4**

高铁站区空间形态变化类型图示	名称	高铁站区空间形态变化特征评价
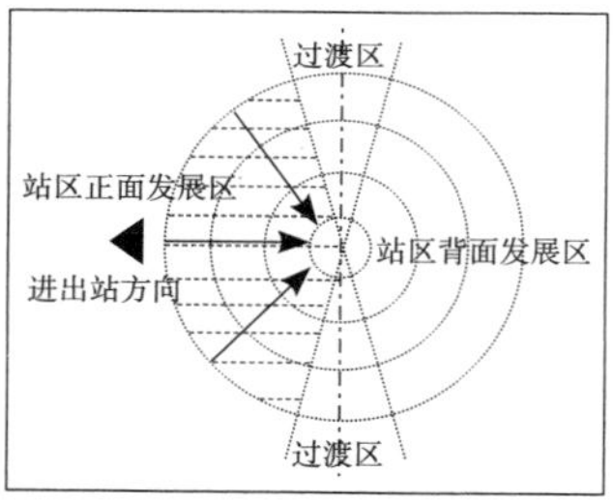 多角度由外向内递进式增长	鹤壁东站	①斑块发展方向明确，空间生长集中朝向城市建成区方向，集中度高，站区背面存在部分发展；②2013年开始多区块共同发展；③站区与城市空间融合
	郑州东站	①空间发展方向明确，空间生长集中朝向城市建成区方向，区域分布集中，站区背面存在部分发展；②开通伊始多区块共同发展，开发进度较快
	许昌东站	①多区块多方向共同递进发展，区块紧密度稍低；②原有建筑斑块较多，站区发展空间受限，可发展用地较少，存在地下空间开发，斑块增长速度呈下降趋势
	洛阳龙门站	①多区块多方向共同递进发展，区块紧密度较高；②建设开发用地进度较快，空间增长集中在朝向城市建成区方向，每年匀质增长
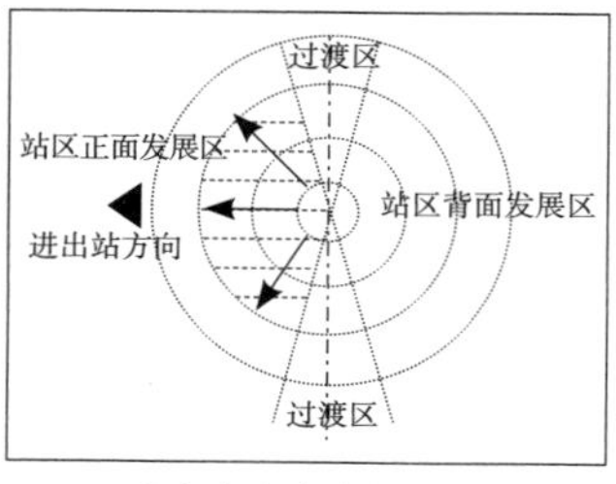 多角度由内向外增长	漯河西站	①发展时段集中在 2015 年后；②多区块多方向由内圈向外圈递进式发展；③发展区域集中在朝向城市方向；④站区与原有城市空间呈嵌入的趋势
	驻马店西站	①多区块多角度由内圈向外圈发展，斑块分布分散；②由城市方向朝车站方向发展，发展缺乏连续性；③建设斑块集中在站区正面发展区；④站区与城市空间关系呈嵌入的趋势
	三门峡南站	①多区块多角度由内圈向外圈发展，斑块分布分散；②由车站方向朝城市建成区方向发展，发展缺乏连续性；③建设斑块集中在站区正面发展区

高铁站区空间形态变化类型图示	名称	高铁站区空间形态变化特征评价
 单一轴由外向内递进式增长	新乡东站	①发展停滞，发展速度缓慢，建设斑块仅集中于两个区域内，开发量较低；②站区空间发展方向不明确；③站区与原有城市空间处于分离关系
	信阳东站	①朝城市发展方向呈轴向发展，在 A 区域轴向发展特征明显；②发展速度缓慢，两侧均有斑块增长但增长量小；③站区与原有城市空间分离
	渑池南站	朝城市发展方向呈短轴向发展，由站点向外缓慢拓展，周边基础设施未健全
 站区背面增长	安阳东站	①朝向城市面呈明显轴向发展，空间增长集中在不同区域；②站区正面发展区的建设斑块仅集中在 A、B 区域；③ 2016 年以后斑块生长集中在站区背面发展区；④站区与原有城市空间分离

注：◀ 进出站方向；——▶ 空间增长方向；▨▨▨ 空间主要增长区域

1. 多角度由外向内递进式增长

该类型主要空间发展区域集中在站区正面发展区，空间开发进度较快。空间增长由既有城市方向呈多角度从站区外圈向内圈逐步递进。其特点是同时开发的区块多呈扇面分布，建设斑块间联系较紧密，发展方向明确，区域内发展较均匀，站区与既有城市空间形态关系呈融合发展趋势。

2. 多角度由内向外增长

该类型主要发展区域也集中在站区正面发展区，站区空间发展方向由内圈向外圈拓展，开发的区块多集中在内圈层，呈多角度、多方向、多区块分布，建设斑块间联系较紧密。虽然发展方向存在向既有城市空间蔓延发展的趋势，但由于现阶段无法与城市建成区建立较紧密的联系，站区空间由站点向外拓展受限，站区发展相对孤立。

3. 单一轴向由外向内递进式增长

该类型空间增长集中分布在站区正面发展区的少量区块，同样由既有城市方向朝车站方向逐步递进。与第一种站区类型不同，其开发的区块呈"一"字形由外向内发展，除集中发展的少量区块外，剩余区块与城市建成区没有联系或存在薄弱的连接，站区与城市建成区分离。

4.站区背面增长

与以上三种类型的站区存在较明显的差异，该类型站区的建设斑块增长主要集中在站区背面，车站正面空间发展速度缓慢甚至停滞不前。站区背面空间发展方向不明确，区块分布较分散。站区正面发展区存在的少量斑块增长呈轴向发展。站区与既有城市空间联系十分薄弱，站区发展孤立。

3.5 站城空间形态关系视角下的高铁站区空间分析

依据高铁站区空间建设斑块进行矢量化提取并计算各站区的斑块面积 $S_{斑}$，从而得到了各站区的扇形角度（表 3-5）。用扇形角度分析方法计算站城空间关系，可以清晰地看出大部分城市到车站站点之间存在清晰的指状生长，城市空间沿着新建的市政道路由城市端向车站端方向逐渐拓展，同时站区也呈现了朝城市建成区方向生长的趋势，但由于车站端生长较慢，现象并不明显。扇形角度数值与站城空间关系的紧密程度呈现十分明显的匹配规律：其中扇形角度 60° 以内的新建站区与原有城市空间关系依然孤立；扇形夹角在 60° – 120° 之间的站区与城市建成区边界产生了嵌入的发展趋势；扇形夹角在 120° –180° 之间的新建站区与城市空间已经产生了较好的融合（图 3-5）。

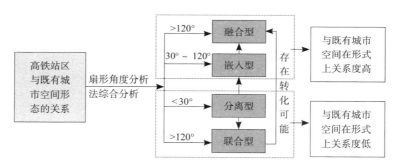

图 3-5　扇形角度与站城空间形态关系的匹配规律

通过对 14 座样本站区的测度可以发现：现阶段大部分研究站区空间扇形角度小于 60°，经历了十年的运行周期，站城空间关系依然分离，"有站点无站区"的现象比较普遍。因此，从高铁站投入使用至今，由于每座设站城市和高铁之间相互刺激的程度不尽相同，从而导致了站城空间形态关系存在阶段性差异。依据其现阶段的站城空间形态关系特征可以将高铁站点地区划分为融合型、嵌入型和分离型三种典型类型。

站城空间变化及各站区空间扇形角度　　　表 3-5

站区名称	站城空间关系变化图（站点开通至今）	扇形角度	站区名称	站城空间关系变化图（站点开通至今）	扇形角度
郑州东站		170°	鹤壁东站		140°
许昌东站		120°	洛阳龙门站		135°
漯河西站		80°	驻马店西站		70°
安阳东站		50°	新乡东站		10°
信阳东站		5°	三门峡南		5°
明港东站		0°	灵宝西站		0°
渑池南站		0°	巩义南站		0°

注：●：高铁站点；▅▅：高铁线路

1. 融合型站区

在国内外现有的高速铁路车站项目中，一部分是在城市原有火车站基础上扩建或改造而来，例如北京西站、天津站、北京南站依托原有的城市基础设施通过对既有火车站的改造和扩建实现其强化原有城市中心的目标。由于原有火车站区域经过长时间的开发，已经融入原有城市空间中，新的高铁站区可以通过依附原有城市火车站区周边资源实现与城市的融合。这类空间关系类型的形成一般存在如下特征：①多为旧有车站的改造、多种交通方式的集聚，易形成交通枢纽，周边城市形态早已形成，用地较为紧张；②区位临近原有城市中心，与城市中心区易建立起便捷的交通连接，物质与非物质要素可以在两者之间充分流动，并最终形成正反馈，起到强化城市中心的作用；③站区自身功能与周边区域城市功能相对完善。由于新建或更新的高铁站区与城市原有中心相比在交通便利性、城市基础设施完备等方面具有优势，会在不同程度上造成竞争，城市空间内部发生某些功能的弱化或者强化，城市形态随之发生偏移。以上特征也会受到其他因素的影响，在作用程度、发生时间上会有偏差，比如：铁路穿越城市的方式，或者车站作为一栋建筑物自身是否只强调交通功能即"节点"作用、与城市融合的紧密程度等方面都会影响站区对城市中心的强化作用。

融合型的站区会呈现站区自身空间快速增长并在短时间内和城市建成区空间重叠的形态关系特征。例如郑州东站、鹤壁东站、许昌东站及洛阳龙门站4座站区周边区域的功能布局相对完善，总体空间发展呈现较明显的扇面形态分布，已开发用地之间关系较紧密，站区空间开发意图比较明确且空间发展呈系统化，空间形态相对成熟。这种类型站区的设站城市在沿线城市中能级相对较高或者站城空间距离相对较近，站点可以在短时间内和城市建成区建立十分便捷的交通联系，因此物质与非物质流可以在站点地区和城市建成区之间充分流动，并最终形成正反馈。该类型的站区有利于强化原有的城市中心；当然，由于新建的高铁站区与城市原有中心相比在空间品质、城市基础设施等方面更具有吸引力，因此可能会导致站区与既有城市中心发生竞争，使原有城市功能和空间结构发生不同程度的转化，城市中心也可能会在总体城市范围内会发生不同程度的转移。

2. 嵌入型站区

相比融合型站区，嵌入型站区会呈现站点在城市边缘地区缓慢生长，虽然站区具有一定的空间规模，但由于站点自身的建设条件限制，站区与城市建成区空间联系存在困难，因此空间发展不成完整的体系，现阶段与城市建成区的边界有一层隔膜，站城空间关系融合的速度会受到一定影响。这种类型的站点和既有城市中心有一定的距离，但是并没有完全脱离城市建成区的形态范围，一般位于城市的边缘地区，有利于为新的城市中心的形成提供大量的土地，同时还可以避免与原有城市中心产生冲突。因此，嵌入型的高铁站区有利于引导新的城市中心，导致原有城市形态产生较明显的变化。当然，如果设站城市的能级不足以支撑另外一个城市中心的形成时，就会导致原有城市中心与站点周边地区两者之间无法形成物质流和非物质流的正反馈，站点周边地区和城市建成区各自独立发展，两者之间的空间联系比较薄弱，站区和既有城市融合的周期会被延长。

对规模较大的城市，会出现区域公共交通都集中在一个节点，土地利用等各方面的压力都达到一个极限值的现象。城市高速铁路主要车站在负担加重的同时导致周边区域的价值也被削弱。当单中心的城市结构无法延续城市发展时，就需要新建城市发展源来平衡和引导城市的发展方向。我国很多城市采用了"多中心"的城市发展方式用来重新梳理城市空间，以利于整个城市的运转。例如：选址位于广州市番禺区的广州南站的定位是形成以交通枢纽为中心功能的城市新中心，郑东新区通过新建高铁站点（郑州东站）的引入和站区周边区域的开发建设来带动新区的发展，实现城市多中心的空间发展模式。但是高铁站区成为新的城市发展源需要具有必要的条件和城市其他因素的配合：①开发方式一般为新建，周边有一定规模的城市建成区，站点及周边区域功能相对单一；②车站位置距离原有城市中心区有一定的距离，但是并没有完全脱离城市的原有形态范围，位于城市的边缘地区；③由于处于城市边缘，区位条件不仅可以为新城市中心的开发和空间扩展提供大量土地、拓展城市新的消费与生产空间，还可以避免发展初期与原有城市中心辐射范围过大发生冲突，便于高铁车站与原有城市中心区建立便捷的交通联系，这一条件有利于高铁站区承担较多的客流，吸纳原有城区的部分业态活动，提升新区的吸引力与容纳力。

这种方式形成下的高铁站区易于引导城市新中心的形成，刺激城市形态的发展。但如果设站城市的规模并不能支撑新中心的发展时，原有城市中心与站区之间的竞争反而会削弱彼此的集聚；由于城市边缘的原有城市功能较为单一，需要新的城市功能加入来强化，如果单纯将高铁车站视为"交通功能"至上，而忽略了其他城市功能属性，就会将车站与原有城市中心割裂开来，使车站更像是铁轨的附属物而不是城市的有机组成部分，两者之间会有一层隔膜，这会延长整个站区的发展周期。

3. 分离型站区

分离型的站城空间关系由于站点选址太远，设站城市对高铁站的带动能力有限，站区开发进度停滞不前，站区和原有城市将在很长一段时间周期内分离。例如空间开发进度较慢的信阳东站站区空间处于开发未完成的状态，空间形态呈现了较明显的单一线状轴向形态增长的特征，站区周边存在大量用地有待开发；站区空间存在微量增长、零增长和反方向增长的新乡东站、明港东站、灵宝西站、渑池南站、巩义南站和安阳东站 6 座站区由于空间发展停顿，现阶段与城市建成区空间分离。这种空间关系类型的站区在中小城市中比较普遍，在规划的初始阶段建设目标过于宏大而且对城市自身的发展能力并没有预先评估，造成了"有站点无站区"的现象。虽然期望高铁效应可以促进高铁新城的形成，但由于规划初衷与城市自身发展能力存在较大的差距，高铁站点地区周边交通等基础设施接驳又不能及时跟进，高铁站点地区最终只能仅仅成为人们发生交通行为的城市交通节点。

这种方式较为特殊，对于城市的发展目标来说，将高铁车站周边区域定位为城市远期发展的中心区域，此后城市中心发展考虑向高速铁路车站区域转移，它的理想方式是嵌入型或者联合型，未来成为城市的分中心，但由于在规划初始阶段目标过于宏大或过高估计了自身的发展能力，脱离了城市的实际情况，造成了"有站点无站区"或站区无法形成有效的运转，其功能只剩下交通也就是"节点"的功能，其余城市功能并不能真正集聚，大大降低了高铁站区对城市的带动作用。把高铁的选址放在距离城市中心区特别远、方向与城市扩张方向相反的区位，虽然设想高铁站区具有足够的吸引力带动高铁新城的发展，但是由于原规划可能会和市场需求存在较大的差距、高铁站区交通条件和周边基础设施欠缺，高铁站区只能成为人们发生交通换乘需求的城市节点；还有一种情况把高铁站点的选址放在过于边缘化的区域、希望高铁站区发展能够拉开城市发展的框架。可对于一些层级较低的城市，是否需要再建一个以住宅和商务办公为主的高铁新城值得考虑。例如：我国很多高铁设站的地方中心城市，虽然设想依托高铁站区带动高铁新城的发展，但是由于城市规模较小，经济发展水平有限，高铁站区周边发展缓慢，仅仅成为人们发生交通行为的场所。

虽然此次研究案例并未涉及联合型发展的高铁站区，但是从我国更大的范围来看，还存在站城联合发展的高铁站区。联合型站区相对于嵌入型站区距离城市中心较远，且脱离了城市中心，而且其对原有城市中心的联系也没有嵌入型站区强。一些城市将高铁站区周边区域规划为远期城市发展的中心区域，此后期望成为区域性中心，也就是所谓的"高铁新城"的概念。例如：上海市远期的发展规划意图是发展目前处于城市边缘的高速铁路周边区域，使其成为该城市的中心城区（都市核心区），进而发展出西部的新城区，形成东西城区联合发展，围绕都市核发展的城市形态。上海这种城市空间多中心的形成正是由于城市新中心区域围绕"虹桥交通节点"生长带来的结果。但是虹桥站也具有自身的区位优势：这个节点是多种交通方式的交汇。这类站区的形成也具有自身的特点：①站点为新建，周边已有一定规模的建成区，城市功能较为齐全，但是规模不大、层级不高；②与原有城市较远，已经脱离了城市中心的形态边缘，一般位于中心城市周边的组团内；③交通优势比较明显，是该城市和区域公共交通枢纽；④由于远离城市中心，城市功能在其周边比较容易积聚，形成新的城市发展区域，容易形成区域的交通枢纽，是该城市和区域公共交通枢纽。

这种方式适合超大城市拓展新的功能区，易于形成新的城市功能中心，由于高铁站区的影响该组团内的城市功能将会发生变化，要求站点距离中心城区的距离不能过远，否则就会抵消高铁带来的可达性优势。

3.6　不同形态关系类型之间相互转化规律

基于城市发展的目标与高铁线路选线的要求，不同类型的站城空间关系在一定条件的刺激下也存在相互转化的趋势和可能（表 3-6）。

<table>
<tr><td colspan="5">不同形态关系的特征、评价和转化</td><td>表 3-6</td></tr>
<tr><td>站区类型</td><td>代表站区</td><td>站区空间特征</td><td>评价</td><td colspan="2">空间形态关系类型转化</td></tr>
<tr>
<td>融合型</td>
<td>郑州东站、鹤壁东站、洛阳龙门站、许昌东站</td>
<td>①空间增长速度较快；②空间拓展呈多方向由城市建成区向站点蔓延；③站区空间扇形角度为 120°～180°，扇形斑块密度均匀，建设斑块间紧密度高</td>
<td>有利于强化原有城市中心、拓展城市功能、但用地现状较复杂，用地紧张</td>
<td colspan="2">融合　　向城市中心偏移</td>
</tr>
<tr>
<td>嵌入型</td>
<td>漯河西站、驻马店东站</td>
<td>①空间增长速度适中；②空间增长呈多方向由原有城市向站点蔓延；③站区空间扇形角度为 60°～120°，扇形内斑块密度不均匀，建设斑块之间紧密度低</td>
<td>发展用地相对充足；周边基础设施缺乏，站区发展需要大量投资，对原有城市中心比较依赖</td>
<td colspan="2">嵌入　　站区空间增大　　融合</td>
</tr>
<tr>
<td>分离型</td>
<td>安阳东站、新乡东站、明港东站、信阳东站、灵宝西站、三门峡南站、渑池南站、巩义南站</td>
<td>①建设斑块增长速度缓慢；②空间增长呈单一轴向微量增长或零增长；③站区空间扇形角度为 0°～60°，无法判断空间特征</td>
<td>城市层级不高，站区周边区域用地充足，距离原有城市中心太远，发展困难</td>
<td colspan="2">分离　　存在融合的可能</td>
</tr>
<tr>
<td>联合型</td>
<td>无</td>
<td>①距原有城市中心有一定距离，脱离了原有城市的框架；②交通优势明显，与市中心联系紧密；③自身功能和站区功能都较复合</td>
<td>站区有利于新城市中心形成、优化城市空间结构、形成大都市区域</td>
<td colspan="2">联合　　指状发展　　嵌入　　融合

联合　　存在分离的可能</td>
</tr>
</table>

对于高铁网络中的设站城市而言，基于自身不同规模、不同层级的城市，高铁对其带来的效应在程度与规模上也不尽相同，这种效应反映在城市空间形态上，也会产生不同的影响效果。

融合型的关系能够产生积极的正反馈作用，如果能保证高铁带来的物质与非物质要素在一定强度下持续不断，那么它对城市中心站区在土地等一些资源上无法提供支持，如果再有大型的高铁项目，那么城市边缘地区或周边组团将会是设站的选择，这也就是超大型城市拥有多个火车站的原因。

嵌入型的关系决定了其在城市边缘地区会形成新的城市发展动力,城市空间会随之展开,在经过一定的发展周期后,会融入原有的城市空间中;还有一种情况是由于对自身的发展能力估计过高,虽然在城市边缘区域也进行了开发,但是由于缺乏内在动力,站区空间城市功能匮乏,无法形成良性互动,在这种情况下,也可视其为分离型。

联合型的存在必然是对超大城市,或者由于地理因素无法设站与城市边缘的城市。这种方式下会对原有城市组团内部结构发生重组,城市功能更加优化,城市空间进一步拓展,并会依托与中心城区之间的交通线路产生"指状"发展,促进组团与城市中心区之间的空间对接,久而久之也会产生嵌入型乃至融合型的趋势;还有就是另一种理论上的极端情况,由于发展情况无法支撑新城区的拓展,原有城市空间停滞或者萎缩,产生分离型的趋势。

分离型产生的主要原因是规划预期远大于发展实际,如果有合适的外部条件刺激,这种方式也会有向联合型乃至嵌入型发展的趋势,虽然规模不可能很大,但也会进入良性的发展循环中。

通过对比分析本次研究中涉及的高铁枢纽站区建站之初至今站城空间形态关系的差异,可以发现虽然站区自身空间特征趋向复杂化与多元化,不同的区位、自然环境和政策导向的站区导致其空间原型特征不尽相同,但站城空间关系蕴含相似的特征规律和发展趋势。需要说明的是,由于城市空间形态边界发展存在着模糊与不确定,在各种空间关系类型转化过程中存在一定的客观规律。

分离型站区在发展过程中如果存在以下条件,其站区与城市建成区空间会比较顺畅地接驳:①在建站初期,市政道路及基础设施相对较为完善,城市发展骨架脉络较为清晰;②车站周边,尤其是与既有城市形态之间不存在城中村等已有建设的阻隔,用地较为充裕;③车站与既有城市形态之间不存在河流、山体、大型基础设施、国境道路、铁路等。同样,嵌入式站点地区周边如果存在以下条件,车站与城市的空间关系也会更容易融合:①车站朝向城市发展面与背离城市面交通联系方便;②除高铁车站以外,有其他形式的城市新区,可在一定程度上脱离原有城市发展,城市发展动力充足;③背对车站,在一定范围内没有空间阻隔,城市发展用地较为充裕。

3.7　高铁站点周边地区空间变化的相关影响因素分析

站区空间形态变化类型之间存在内在联系。部分站区由于受既有城区的牵引,空间增长均集中于站区正面，之所以显现不同的空间变化特征是站区与既有城市的联系造成的。背面增长的站区由于其正面发展受限，只能依托车站形成新的发展区域或借助城市新区发展高铁站区。但由于其与既有城市相距较远，在一定的发展周期内，该站区及与之联合的新区会形成城市发展的"孤岛"。由于站区空间形态变化涉及城市规模、产业结构、站点流量等众多因素，本部分研究试图将站点地区空间形态变化的影响因素归纳为设站城市、站区与城市建成区的空间关系以及站区自身三大类。

3.7.1　设站城市

1. 城市能级

高铁效应的最大化需要多方的配合和支持，区域资源的开放共享、政府政策的扶持以及经济生产力的提升等均是不可或缺的硬性条件。衔接本章研究样本各站区的空间发展状况可以看出站区空间发展和城市等级具有直接关系，能级较大、城镇化水平越高的城市（郑州市）对高铁站点的带动作用较强，站点周边开发和建设的速度较快，站区发育较成熟；而能级较低的城市和城镇（巩义市和明港镇）很难依赖原有城市带来人气和公共活动的聚集，站点自身也产生不了强大的磁铁效应，因此站点地区发展停滞不前。这也说明在现实的开发建设中，高铁更类似城市发展的一个活力点，虽然可以为各行业的升级以及城市空间发展提供新的机遇，但是真正推动质变的还是取决于城市自身。

2. 城市功能和城市形态

城市功能可以从自身的产业结构以及在区域中所起的作用进行区分。由于不同城市形成的地理基础不同，以其经济功能为主要区分方式，有些城市侧重于工业，一些城市侧重于旅游业等第三产业，还有一些城市侧重于传统农业。

一般来讲，商业活动较为密集的城市和可作为风景游览的城市对外交流频繁，产生大量的旅客运输，而一般的工业城市和作为货物吞吐运输的港口城市偏重于货物运输的集散。如商贸发达的太原、济南、兰州、长沙等，旅游资源丰富的青岛、昆明、杭州等城市的客运量，以特大城市排名跻身超大城市的行列。因此，当城市的功能发生变化后，其客运量将随之发生变化（王南，2008）

当一座城市在全国或地区经济发展中的地位和作用越大，其对外交流越频繁，铁路的乘客数量也就越多。比如北京作为全国政治、经济、文化的中心，每天需要运载大量的铁路乘客，铁路客运站的功能是路网性客运中心；又比如西安和成都，虽然地处我国西部，区域经济发展较东部沿海发达地区较为缓慢，但从全国的视角来看，这两个城市在我国西北、西南地区经济发展的地位和作用十分重要，是我国西北以及西南的区域性核心城市，所以将这两座城市定位为路网性的客运中心，未来具有较大的发展空间。

城市形态与城市规模直接相关，属于城市规模在空间上的表现形式。针对不同的城市形态，高速铁路车站的布局也会有所偏重。城市形态主要有集中型和分散型两类。集中型包含团状城市、带状城市和星形城市等具体形态，分散型有组团城市和主卫城市等。不同的城市形态对高速铁路车站的布局影响也不尽相同，表3-7较为详尽地表示了在不同城市形态下车站的布局方式与形态，从表中可以看出城市形态有着不同的外在表现形式，客运站也会根据城市形态的变化调整布局来适应城市，以自身辐射半径所形成的影响面积来覆盖城市，并会因为城市规模的不同而引入多座客运站来增加车站影响面积。其中城市规模越小、形态越集中，所需的客运站数量就相对要少，布局较为简单，比如最为典型的单中心组团城市；与之相对应的，城市规模越大、形态越分散，所需的客运站数量也就越多，布局较为复杂，比如大型的带状城市、大型的星状城市等。

不同城市形态下高速铁路车站的布局方式   表 3-7

	特点	形态布局方式
单中心团状城市	同心圆发展，布局紧凑，人口相对集中	
多中心团状城市	由单中心城市演变，城市规模较大，具有多个城市中心，市中心用地紧张，交通环境较差	
中小型带状城市	以交通线为城市发展轴发展而来，没有明显的城市中心	
大型带状城市	城市形态狭长，城市规模巨大	 同位排列 交叉排列

续表

	特点	形态布局方式
中小型星状城市	由三条及以上的超长轴线构成，市区具有明显的向心力，市郊有离心力的城市形态	
大型星状城市	大型、特大型星形城市，可以看成是由多个"带状城市"组成，轴径跨度大，面积巨大	
卫星城市群	包括主城和周边的卫星城市群，即在一个主城周围有组织、有目的地规划着大小不同的城镇，各城镇之间有复杂的、密切的吸引与被吸引、依附与被依附的关系，是超大型的城市"群"	
组团城市	组团城市是在自然条件及人为因素作用下，以河流、农田、绿地为间隔，具有一定的独立性的大型城市形态，组团城市可以看成由若干"小城"构成	

3.7.2　站城空间关系

1. 区位关系

许多高速铁路站位远离城市规划发展区，或者与城市发展主导方向相悖，既不能有效地引导城镇空间布局优化，又造成了城市交通和高铁、城际轨道枢纽衔接困难，大大增加了乘客接驳换乘的距离和成本，大大降低了客流的吸引能力。同时，为了尽快完成建设任务，节省工程投资，减少拆迁的工作难度，势必需要远离城市功能区。选址位于城市中心区中的交通枢纽和位于外围工业区中的枢纽对城市的带动作用存在明显差异。

因此，在进行站点选址以及高铁站区功能定位的初始时段，应该从城市全局进行统筹考虑，但是我国由于铁路部门和城市管理之间存在条块分割，两者的规划进程通常不同步，造成了枢纽和城市中心区在协调发展方面存在很多问题。例如我国很多高铁设站的地方为中小城市，虽然设想依托高铁站点拉大城市框架，但是由于城市规模较小，经济发展水平有限，选址却远离城市中心区范围，对区域的发展并未起到很好的带动作用。对本次研究中涉及的9座地级城市站区（表3-8）进行分析可以发现：站点距离城市建成区边界的直线距离远近与站区空间开发进度基本呈现正比——选址越远的站区，空间开发进度越慢。

研究案例站城距离及空间开发进度　　　　　　　　　表3-8

车站名称	站点距离城市建成区边界的直线距离（km）	站区空间开发进度（%）
安阳东站	4.4	7.5
鹤壁东站	1.2	19
新乡东站	3.5	1.5
许昌东站	1.5	9
漯河西站	2.5	3
驻马店西站	3.1	3
信阳东站	6	2
三门峡南站	8	5
洛阳龙门站	0	14

2. 交通关系

（1）高速公路出入口和长途客运站

高速铁路作为区域间重要的交通方式，高铁车站所覆盖的顾客区域并不仅仅来自于设站的城市，周边地区的居民一般会通过公路交通来进行换乘以达到乘坐高铁快捷出行的目的，公路交通与高铁之间换乘的便捷性也能够促进高铁站区人群的聚集，从而促进站区的建设斑块增长。表3-9统计了距离高铁车站最近的高速公路出入口的数量及其与高铁车站的直线距离，并对5千米范围内的出入口都进行了统计。从表中可以看出安阳东站、鹤壁东站、新乡东站、许昌东站、漯河西站、信阳东站、明港东站、郑州东站都有在直线距离5千米以内的高速公路出入口，其中安阳东站、鹤壁东站在5千米范围内设置了两座出入口。郑州东站则有多个高速公路出入口。而驻马店西站距离最近的高速公路出入口则有11千米，灵宝西站、三门峡南站、渑池南站和巩义南站周边没有高速路出入口，因此较远的距离将会抵消高铁出行带来的便捷与舒适（表3-8）。

　　长途汽车客运站也是区域间重要的交通方式，与自驾车或乘坐出租车相比，长途汽车在便捷度上存在着差距，但相对大的运量与相对固定的班次可以弥补这方面的不足。通过卫星地图和实地调研对研究案例高铁站圈层内的长途客运站设站情况进行了解。从表中的统计来看，7 座设有长途汽车客运站的站区与高铁车站之间的直线距离都在第一圈层（500 米范围内），联系十分紧密，在一定程度上体现了"零换乘"的理念，因此站区也呈现了不同程度的增长。

研究案例站点区域交通联系统计　　　　　　　　　　　表 3-9

车站名称	高速公路出入口 （距高铁车站直线距离）	长途客运站 （距离高铁车站直线距离）
安阳东站	G4 安阳站（4.3 千米） G4 安阳南站（5.0 千米）	无
鹤壁东站	G4 鹤壁站（5.2 千米） G4 鹤壁南站（1 千米）	鹤壁客运枢纽站（0.21 千米）
新乡东站	G4 新乡站（2.2 千米）	新乡站（0.29 千米）
郑州东站	河南省收费还贷高速公路管理中心——东南门（2.1 千米） 河南省收费还贷高速公路管理中心——西南门（2.5 千米） 京港澳高速 / 京珠高速 /G4 入口（6 个）（0.38 千米） 金水东路 / 郑开大道 / 郑州新区站 / 郑东新区 CBD / 郑州高铁出口（5 千米）	郑州长途汽车高铁站（0.2 千米） 郑州汽车站（0.5 千米）
许昌东站	G4 许昌站（1 千米）	许昌站（0.23 千米）
漯河西站	G4 漯河站（5 千米）	漯河站（0.2 千米）
驻马店西站	驻马店站（11 千米）	无
明港东站	淮阳高速口（3.5 千米）	明港杨楼客运站（3.1 千米） 杨楼长途客运站（3.3 千米）
信阳东站	G4 信阳站（4.4 千米） G4 信阳新区站（6.4 千米）	信阳站（0.27 千米）
灵宝西站	G30 灵宝站（1.8 千米）	无
三门峡南站	G209 连霍高速路口（0.8 千米）	无
渑池南站	无	无
洛阳龙门站	龙门南站（3.9 千米）	关林新二运站（2.3 千米）
巩义南站	无	芝田镇客运站（1.1 千米）

　　（2）站点与城市建成区的交通基础设施的接驳

　　与既有城市基础设施的有效连接是指与既有城市距离较近，高铁站区的道路等基础设施与城市原有的网络连接相对紧密融洽。这也意味着高铁站区会与既有城市联系更为紧密。

　　这与高铁车站距离既有城市的距离密切相关，过近则没有足够的发展空间，过远则难以与城市规划区建立有效的联系，各种基础设施网络无法接驳。通过 2012 年谷歌卫星地图提供的影像资料可以看出：郑州东站、洛阳龙门站和鹤壁东站在高铁开通伊始就修建了相对完善的路网，对站点的发展已经做出预先的空间应对措施。经过 5 年的运行周期，其周边交通状况发展较好，而明港东站、信阳东站、灵宝西站、渑池南站和巩义南站在设站之初至今车站周边地区的道路网都没有完善，站区的发展进度相对缓慢。

　　3. 公共交通联系

　　从高铁站点与城市规划区的公共交通联系来看，由于不同城市的城市建成区面积不尽相同，所以单纯的用公共交通线路条数与所有公交线路覆盖的面积比较不同城市与站点地区之间的公共交通联系的紧密程度不够客观。因此，用公交线路覆盖的城区面积与城市建成区面积的比值进行对比分析可以较为客观地反映高铁站点与城市建成区之间的公共交通联系的紧密程度。公交线路覆盖率较高就意味着城市居民可以相对方便地到达高铁车站，旅客也可借由公共交通来到达目的地。以高德地图提供的站点500 米范围内公共交通线路覆盖的面积除以城市建成区面积得到了高铁站点公共交通覆盖率。从图 3-6 中可以看出公交站点覆盖率和站区空间增长趋势具有一致性：与城市建成区公共交通联系紧密的郑州东站、洛阳龙门站和鹤壁东站空间开发进度较快，空间形态变化为多角度由外向内递进式增长，站区与既有城市空间呈融合发展趋势。

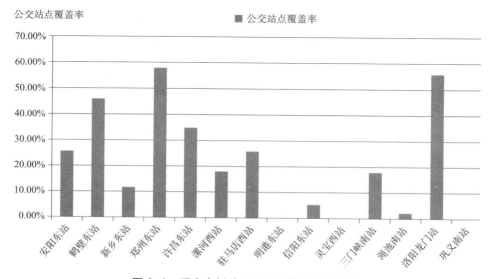

图 3-6　研究案例站区公交站点覆盖率图示

3.7.3　站区自身

1. 站区的开发定位

目前我国的大多数地级城市的高铁规划，基本都在以高铁新城的开发为主要目标。然而，高铁新城的开发定位是否合适值得思考，因为高铁新城的构建是需要一定门槛的，高铁是否可以成为设站城市发展的新引擎，一方面取决于城市的能级，另一方面还需要衡量高铁站点的多种交通方式联运零换乘水平。因此，层级较高的城市，高铁就会发挥自身的磁铁效应，成为带动城市空间发展的活力点，然而并不是每座城市都适合依靠站点打造高铁新城。对于一些自身缺乏发展动力的三、四线城市，商务职能较低，换乘都需要在城市建成区的中心区域发生，在新城的停留时间较少。在这种情况下，高铁站仅成为发生交通行为的节点，很难产生经济效应。因此，这种目标导向下的站区空间发展缓慢、停滞不前甚至零增长。

2. 大型基础设施或自然地貌的影响

高铁站点与既有城区之间如果存在公路等大型基础设施或山体河流等自然地貌的带状隔离，高铁站区很难与既有城市保持通畅的空间联系。漯河西站是这方面的典型案例，依据 2012 年谷歌卫星地图的资料观察站区空间发展状况可以看出，站点周边地区的基础设施铺设很快，围绕车站也建立了与城市建成区接驳的路网系统，但是站点的南北两侧分别被沙河和澧河与城市隔断，东侧面朝城市方向则被 G107 国道穿越，三个方向均存在着隔离，至 2017 年这 6 年间其斑块增长速度较缓，并且建设斑块的增长方向也是由站点的内圈层向外圈层发展，通过表 3-2 可以看出其第三圈层比第四圈层增长量要大，这与其他多数站区圈层空间增长特征存在明显的差异。与此相近的还有新乡东站、驻马店西站，这两座车站周边建设条件也存在 G107 国道将站城分隔的现实问题。

3. 站区内农民自建房及其他建筑物、构筑物的影响

由于 14 座高铁车站选址的位置都处于城市的边缘区域，都面临着协调与城市近郊村庄关系的问题，安阳东站和巩义南站在这方面尤为突出，由于村庄的包围，6 年间安阳东站只是通过村庄之间的通道进行发展，与既有城市之间的联系被村庄隔离，而巩义南站和城市建成区之间联系的扇面空间几乎完全被城中村占有，站点很难和原有城市建立联系，站点周边几乎没有任何空间增长。即使未来建设斑块能够与城市建成区进行连接，仍需要处理大量的村庄拆迁安置工作来置换土地，以及平衡村民的意愿与合理地规划车站周边用地之间的问题。

鹤壁东站处理了城中村安置的问题，由于距离既有城市较近，为了加快建设速度以及满足居民的意愿，车站周边的村庄进行了就地的拆迁安置，但是这些村庄安置均处于站点 500 ~ 1000 米的圈层以内，在土地价值较高的高铁站点周边进行直接安置的做法是否妥当也值得考虑。

4. 高铁车站自身的功能限制

（1）车站的"节点"功能明显大于"场所"功能

虽然当今的高铁车站的发展方向越来越倾向于多功能与综合性，但此次研究的14 座高铁车站，在建设上突出的仍是其"节点"的功能，而忽视了其"场所"的功能，高铁车站的交通节点属性远大于其他属性。开发进度最快的郑州东站虽然实现了较大规模的空间增长，但是实地调研中发现站房与周边的建筑并未实现综合开发，这就使得高铁车站对人流的吸纳与分散大都是基于交通目的，很难依靠自身长时间地吸引其他目的的人群，创造出更多的交流机会。这种融合的关系只是空间形态上的交融，很难塑造站区的空间品质和活力。

高铁车站作为和城市发展紧密相关的场所，车站不能仅以交通设施功能为主，同时要兼顾到城市功能的综合发展，并最终融入城市。虽然当今高铁站区的开发意向越来越倾向多功能与综合性，《国务院办公厅关于支持铁路建设实施土地综合开发的意见》（国办发〔2014〕37 号）也已经要求对铁路站场及毗邻地区特定范围内的土地实施综合开发利用。但本研究涉及的 14 座站区在建设和开发上仍然强调自身的"节点"功能而忽视了其"场所"功能，车站的交通节点属性远大于其他功能属性，站区的功能布局以及功能组成仅作为对外展示的"窗口"。这就导致了车站对大部分人流的吸纳与疏散仅源于交通目的，不太可能长时间依靠自身的复合功能吸引除发生交通行为以外的其他人群。因此站区很难作为新的发展源实现空间增长方向由站点向外拓展、由既有城市方向蔓延两个方向的双向发展。

（2）大尺度的站前广场

高铁时代的出行需求强调更短的时间停留（快进快出）、更高的出行时间价值、更强的直达和无缝衔接需求。高铁车站所在的城市对于紧邻高铁车站周边的开发也往往强调的是其交通站点甚至交通枢纽的功能，巨大的站前广场几乎成了每个车站的"标配"，这些广场的使用效率极其低下，很难起到传统火车站广场所承担的功能，同时周边存在着公交车站、出租车停靠站、社会车辆停车场和长途公交站等对内或对外的交通设施，这些设施虽然占地庞大但是在使用中仍然存在着换乘方式"平面化"、换乘流线多交叉等问题，而所有的这些都使得高铁车站与既有城市存在着明显的隔阂。建设斑块也很难由此作为起始点开始向外发散，从图 3-1 中可以看出 14 座车站第一圈层的建设斑块增长速度明显低于其他圈层，缺少用地与难以融合是其根本原因。

（3）车站"背面"存在明显"阴影区"

14 座车站的进站口、出站口均朝向既有城市方向，大部分车站均在铁路线靠近城市一侧，没有一座车站通过上跨或者下穿实现两侧同时开口。同时，高铁线路穿越城市时由于造价、工程难度、工程进度等多方面的原因，没有任何一处采用下穿的方式来穿越城市。还有一点，作为区域内重要的南北向运输通道，G4 高速公路与京广高铁的线路在很大的范围内存在着并行，形成了一条宽阔的"高速通道"，这在很大程度上将原本就已出现的"裂痕"变得更深、更大，使得城市跨越"高速通道"发展变得更加困难。这也造成了大多数高铁站区朝向城市一面的空间发展远远快于背离城市一面。

但安阳东站与信阳东站的发展，却与其他站区的发展"相异"，安阳东站的开口朝向城市，但是斑块的生长却是在背离既有城市的方向，通过分析可以清晰地看到 G4 高速公路在距离高铁车站 2.2 千米的位置上正面穿越，隔断了其与既有城市的联系，在高速公路与车站之间的范围内存在大范围的村庄斑块，这些村庄也造成了车站与城市的隔离，而在高铁车站的"背面"则是安阳市的"城乡一体化示范区"，所以这就造成了安阳东站站区正面发展受到了限制，只能依赖示范区反方向发展站区空间。

信阳东站的情况与此类似，高铁车站距离既有城区过远，目前站区只存在指状发展的斑块，而高铁的背离城市面则存在着一座工业区，所以从目前的发展状况看，虽然与高铁车站存在着距离，但站点"背面"的建设斑块生长面积还是要大于"正面"。

（4）其他交通配套设施

站区周边的公交车站、出租车停靠站、社会车辆停车场、长途公交站等内外交通设施占地庞大，除个别站区注重了地下空间的开发，其他站区依然依靠"平面化"换乘方式，换乘流线相互交叉影响。这种情况也导致了站区在第一圈层缺少用地，同时交通设施的交通属性很难辐射既有城市，增长斑块也很难由站点作为起始点开始由第一圈层向外发散、车站第一圈层的建设斑块增长速度明显低于其他圈层。

由于影响空间开发的因素涉及范围广、要素众多，所以部分研究案例存在个体差异，不一定会遵循一般的发展规律。本章结合研究案例的 14 座站点地区的空间开发现状以及站城空间关系特征试图分析影响站点周边区域开发的影响因素，仅从城市层级、站点和城市建成区之间的联系以及站点自身功能三个方面展开。

3.8　本章小结

　　本研究探索了高铁枢纽站区空间形态形成与发展存在以下规律：首先，高铁站区与既有城市空间的作用是相互的，站区对城市空间结构的调整与重构引导作用明显，高铁站区在引导城市空间结构的调整和重构的同时也受到城市空间结构调整和重构的带动，使高铁站区功能不断完善；其次，选址位于城市边缘区域的高铁枢纽站区，在其运行的初期由于站区自身的发展相对不完善，其作为带动发展的源头能力较弱，站区的空间增长仍依赖由既有城区向高铁站区辐射，并最终在相互作用的刺激下站区与既有城区的空间关系由"分离"发展到融合。部分站区目前虽然距离既有城区较远，站区仅存在微量的空间增长，但是只要通过解决与既有城区的联系问题，在未来极有可能成为与既有城区"互动"良好的融合型站区；再次，由于高铁站区与既有城市空间之间存在相互作用，高铁站区在站区正面发展区域内的开发强度与地块和站点的距离呈正比，越靠近站点其开发强度越高。而在站区过渡区与背面发展区的开发强度规律并不明显，其空间形态也由站区正面发展区逐步向背面发展区延续，但其发展的快慢与基础设施的延伸有直接的关系；最后，站区内部的功能也对空间形态的形成造成了极大影响，站区内部功能的复合化远比仅仅强调单一的交通功能更易营造积极的站区空间，其与城市的"融合"也相对容易。

　　对研究案例中的14座站区从站点开通运行至今一段时间周期内的空间开发状况进行研究和分析，发现站区空间增长特征、站城空间关系存在异同。总结和梳理现有的研究成果，可以得出以下结论：

　　1. 高铁站区和城市建成区空间存在相互影响机制，但是既有城市空间对高铁站点的牵引作用较大。在站点和城市建成区之间空间联系顺畅的前提下，站区空间发展基本呈现由既有城市逐步向高铁车站方向延伸，空间发展集中在站点朝向城市建成区方向，但是也会存在个体差异。这也说明在站区的初始发展阶段，高铁车站自身作为活力点向外扩展空间的能力较弱，站点对既有城市空间的更新和发展影响作用较小，站区的空间增长主要依赖原有城市基础设施的带动与辐射。

　　2. 站区空间扇形角度分析方法可以比较直观地反映站城空间关系。扇形角度分析方法用于站城空间关系的量化，具有直观、易于操作等优点。生成的角度数值不但表达空间关系，而且还被赋予时间和发展趋势两方面的信息，从而可以表达角度大小与形态关系转化趋势之间的联系，指导规划管理部门对站城空间关系进行预测。

3. 在相近的发展周期范围内，站点周边地区不存在特殊建设条件的状况下，能级越高城市的站点地区空间发育越成熟，站城空间关系也融合更快。对于城市能级不高的设站城市，如果站点选址脱离城市建成区太远，就会导致原有城市带动站点地区发展困难、车站成为仅发生交通行为的城市节点、站区空间很难向外拓展。

4. 构建了高铁站区和既有城市空间关系分类的新研究视角和方法、分析了各类空间形态特征站区的形成条件和自身特点，进而预见性地提出各类空间形态发展过程中的内在联系和相互转化的趋势。

第4章 基于可持续发展理念的高铁站区合理空间形态探讨

4.1 低碳城市产生的背景

早在 1896 年, 诺贝尔化学奖获得者斯凡特·阿列纽斯 (Svante Arrhenius) 就预测: 化石燃料燃烧增加大气中 CO_2 浓度, 从而导致全球变暖。过去 100 多年来, 人类向大气中排放了大量的 CO_2 和其他温室气体, 使大气 CO_2 当量浓度增加了约 60%, 全球平均气温也因此上升了 0.74℃。进入 21 世纪后, 城市的污染问题以及可持续发展问题越来越受到世人的瞩目。2009 年, 集合了 30 多名气候专家的 "全球碳计划" (GCP) 组织在《自然地球科学》期刊发表报告说, 全球去年因为燃烧化石燃料而排放的 CO_2 高达 87 亿吨, 较 2007 年增加了 2%。若是同 2000 年比较, 则激增了 29%; 比起《京都议定书》定下的减排基准年 1990 年, 更是大幅度上升了 41%。

经济发展与环境保护的尖锐矛盾, 特别是由于大量碳基能源的使用, 引发的温室效应、环境恶化和全球生态系统的持续性退化, 为人类的经济发展前景与生存环境蒙上了阴影。至此探索一种新的经济发展模式就变得迫在眉睫, 低碳经济正是在这种时代发展背景下提出的。

关于低碳经济的概念, 庄贵阳 (2005) 认为: 低碳经济的实质是能源效率和清洁能源结构问题, 核心是能源技术创新和制度创新, 目标是减缓气候变化和促进人类的可持续发展。夏堃堡 (2008) 认为低碳经济就是最大限度地减少煤炭和石油等高碳能源消耗的经济, 也就是以低能耗、低污染为基础的经济。顾朝林等人 (2009) 认为, 所谓低碳经济是以低能耗、低污染、低排放为基础的经济模式, 是人类社会继农业文明、工业文明之后的又一次重大进步。其核心是能源技术创新、制度创新和人类生存发展观念的根本转变。付允等人 (2008) 通过对比国内外低碳经济的定义, 认为低碳经济是在不影响经济和社会发展的前提下, 通过技术创新和制度创新, 尽可能最大限度地减少温室气体排放, 从而减缓全球气候变化,实现经济和社会的清洁发展与可持续发展。

　　世界各国尤其是发达国家对如何发展低碳经济都开展了积极的研究，表 4-1 描述的是世界主要组织、国家以及地区在发展低碳经济过程中的重要事件。

世界低碳经济发展大事记　　　　　　　　　　　　　　　　表 4-1

年份	事件	内容	备注
2003	英国政府发布英国能源白皮书《我们能源的未来：创建低碳经济》	英国充分意识到了能源安全和气候变化的威胁，英国正从自给自足的能源供应走向主要依靠进口的时代，创建低碳经济对此进行应对	低碳经济首次见诸政府文件
2006	受英国首相与财政大臣委托，前世界银行副总裁斯特恩发表《斯特恩报告》	报告前半部分针对气候变化所带来的经济性影响进行了研究，探讨了要稳定大气中温室气体所需要的成本，报告后半部分提出了向低碳经济转型的问题，描述了低碳经济的特征	奠定了欧盟低碳经济转型理论的基础
2007	美国参议院提出了《低碳经济法案》		发展低碳经济有可能成为美国未来的发展方向
2007	联合国气候变化大会在印尼巴厘岛通过了"巴厘岛路线图"	为 2009 年前应对气候变化谈判的关键议题确立了明确议程，要求发达国家在 2020 年前将温室气体减排 25% 至 40%	为全球进一步迈向低碳经济起到了积极的作用，其对气候变化做出的努力可追溯至 1992 年的《联合国气候变化框架公约》和 1997 年的《京都协议书》
2008	联合国规划署确定 2008 年"世界环境日"主题	其主题为"转变传统观念，推行低碳经济"	
2008	G8 峰会对碳减排的承诺	八国表示将寻求与《联合国气候变化框架公约》的其他签约方一道共同达成到 2050 年把全球温室气体排放减少 50% 的长期目标	
2008	英国气候变化委员会发表《建设低碳经济——英国对解决低气候变化的贡献》	就英国在 2008—2012 年、2013—2017 年以及 2018—2022 年的"碳预算"提出建议。建议 2050 年将温室气体排放量比 1990 年消减至少 80%	
2009	美国众议院提出《2009 年美国绿色能源与安全保障法》	该法案由绿色能源、能源效率、温室气体减排、向低碳经济转型等部分组成	

　　中国政府也非常重视低碳经济的发展情况，并开始逐步对低碳经济进行研究与部署。2006 年底，国家原科学技术部、中国气象局、国家发改委、国家环保总局等六部委联合发布了中国第一部《气候变化国家评估报告》。2007 年 6 月，中国正式发布了《中国应对气候变化国家方案》。2007 年 7 月，温家宝总理在两天时间内先后主持召开国家应对气候变化及节能减排工作领导小组第一次会议和国务院会议，研究部署应对气候变化工作，组织落实节能减排工作。2007 年 12 月 26 日，国务院新闻办发表《中国的能源状况与政策》白皮书，着重提出能源多元化发展，并将可再生能源发展正式列

为国家能源发展战略的重要组成部分，不再提及以煤炭为主的发展思路。2007年9月8日，中国国家主席胡锦涛在亚洲太平洋经济合作组织（APEC）第15次领导人会议上，本着对人类、对未来高度负责的态度，对事关中国人民、亚太地区人民乃至全世界人民福祉的大事，郑重提出了4项建议，明确主张"发展低碳经济"，令世人瞩目。2008年6月27日，胡锦涛总书记在中央政治局集体学习时强调，必须以对中华民族和全人类长远发展高度负责的精神，充分认识应对气候变化的重要性和紧迫性，坚定不移地走可持续发展道路，采取更加有力的政策措施，全面加强应对气候变化能力建设，为我国和全球可持续发展事业进行不懈努力。2009年11月25日国务院总理温家宝主持召开国务院常务会议，研究部署应对气候变化工作，会议决定，到2020年我国单位国内生产总值二氧化碳排放比2005年下降40%～45%，提出要加快建设以低碳为特征的工业、建筑和交通体系。

4.2 低碳城市的发展趋势

城市作为人类文化的集中体现是人类社会经济、政治及其他一系列活动的中心，也是高消耗、高碳排放的集中地。在从工业化至今的200余年中，随着大规模碳基燃料的使用，全球CO_2排放量与城市化进程一直持续增长，在相同时间内的成长比率也越来越高，并于2007年超过了$385L \times 10^{-6}$的极限值（表4-2）。

全球主要温室气体浓度及 WMO-GAW 检测的全球温室气体趋势　　表 4-2

年份\参数	CO_2（10^{-6}）	CH_4（10^{-9}）	N_2O（10^{-9}）	全球平均温度升高（℃）	城市化水平（%）
2007	383.1	1789.0	320.90	0.74	50.0
2006	381.2	1783.0	320.10	—	46.0
1998	381.1	1786.3	320.13	0.40	45.0
1970	—	—	—		38.6
1950	—	—	—		28.2
1900	—	—	—		13.6
工业化前	280	700	270	0.0	—
1850	—	—	—		6.4
1800	—	—	—		3.0

注：1ppm=10^{-6}，1ppb=10^{-9}

据统计，全球大城市消耗的能源占全球的75%，温室气体排放量占世界的80%。

从最终使用（end use）的角度看，碳排放的来源可以分为产业（Industry）、居民生活（Residence）和交通（Transportation）三个主要的组成部分。在英国，80% 的化学燃料是由建筑和交通消耗的，城市是最大的 CO_2 排放者（普雷斯科特，2007）。[①] 城市消耗了 85% 的能源和资源，排放了相同比例的废气和废物，流经城市的河道 80% 以上都受到了严重的污染（仇保兴，2009a）。[②] 毫无疑问的是只有解决好城市的能源消耗与碳排放问题，低碳经济才能显出成效，人类社会也才能步入可持续发展的正轨。

　　在我国，经济发展与能源消耗之间的矛盾尤为突出。2005 年世界主要国家的单位 GDP 能源消耗之比中，世界平均为 3，日本为 1，欧盟区域主要国家为 1.9，美国为 2，韩国为 3.2，印度为 6.1，中国为 8.7（图 4-1）。[③] 随着我国国民经济的迅速发展，这种能源的消耗也越来越严重，到 2020 年，我国石油对外依存度预计将达到 60%。[④] 如同世界上其他地区一样，在我国的能源消耗中，城市占了绝大部分。有数据显示，我国城市能源消费量占全国消费总量的 60% 多，城市人均能源消费为农村人均能源消费的 3 倍左右。[⑤] 据周一星（2005）预测，我国城镇化水平在 2010 年为 46.50% 左右，2020 年城镇人口比重将达到 57% 左右。[⑥] 而根据麦肯锡全球研究所（McKinsey Global Institute，MGI，2008）2008 年的报告，到 2025 年中国将有大约 10 亿人居住在城市，同时将出现 219 座百万人口大城市、24 座 500 万人口的巨型城市。[⑦] 在这种压力下，发展低碳经济，加速现有城市向低碳城市转化成为必由之路。

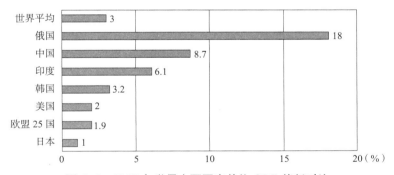

图 4-1　2005 年世界主要国家单位 GDP 能耗对比

---

① 普雷斯科特 . 低碳经济遏制全球变暖——英国在行动 [J]. 环境保护，2007（6A）：74-75.
② 仇保兴 . 我国城市发展模式转型趋势——低碳生态城市 [J]. 城市发展研究，2009（08）：1-6.
③ 蔡林海 . 低碳经济——绿色革命与全球创新竞争大格局 [M]. 北京：经济科学出版社，2009.
④ 我国能源问题面临三大挑战 [EB/OL]. 国家发改委能源交通司：http://www.sdpc.gov.cn/dcyyj/（20080205-193253.htm.
⑤ 付允，汪云林，李丁 . 低碳城市的发展路径研究 [J]. 科学对社会的影响，2008（02）：5-10.
⑥ 周一星 . 城镇化速度不是越快越好 [J]. 科学决策，2005（8）：30-33.
⑦ Mckinsey Global Institute，China's urban billion，Fourth Annual Conference. New Delhi，2008.

4.2.1 低碳城市的特征

关于低碳城市，自 20 世纪 80 年代提出低碳生态城市的概念之后，这个概念本身就在不断地充实和完善之中，截至目前还没有完全定型（仇保兴，2009a）。世界各国与不同地区依据自身的发展情况，对低碳城市有不同的认知。

我国的低碳城市研究起步虽然较晚，但已经有不少学者基于中国的特殊国情对低碳城市的概念进行了总结。夏堃堡（2008）认为，低碳城市就是在城市实行低碳经济，包括低碳生产和低碳消费，建立资源节约型、环境友好型社会，建设一个良性的可持续的能源生态体系。付允等（2008）提出低碳城市是通过在城市空间发展低碳经济，创新低碳技术，改变生活方式，最大限度减少城市的温室气体排放，逐渐摆脱以往大量生产、大量消费和大量废弃的社会经济运行模式。刘志林等人（2009）认为，低碳城市应当被理解为通过经济发展模式、消费理念和生活方式的转变，在保证生活质量不断提高的前提下，实现有助于减少碳排放的城市建设模式和社会发展方式。低碳城市强调以低碳理念为指导，在一定的规划、政策和制度建设的推动下，推广低碳理念，以低碳技术和低碳产品为基础，以低碳能源生产和应用为主要对象，由公众广泛参与，通过发展当地经济和提高人们生活质量而为全球碳排放减少做出贡献的城市发展活动。[①] 顾朝林等人（2009）认为低碳城市是指城市经济以低碳产业为主导模式，市民以低碳生活为理念和行为特征、政府以低碳社会为建设蓝图的城市。其目标，一方面是通过自身低碳经济发展和低碳社会建设，保持能源的低消耗和二氧化碳的低排放；另一方面是通过大力推进以新能源设备建造为主导的"降碳产业"发展，为全球二氧化碳减排做出贡献。

虽然众学者描述的内容与措辞各不相同，但是对于低碳城市的特征还是有共同之处的：①强调了新能源、新材料、新技术、新理念、新方式的运用，从而起到节能减排，降耗发展的效果；②强调了城市的生产、生活的各方面，全方位涵盖了城市用能的方式；③强调了经济的继续高速发展，低碳式的生产生活模式并不是要以放缓经济发展节奏，牺牲已有经济发展成果为代价的，而是要发展能够可持续成长的经济模式（图 4-2）。

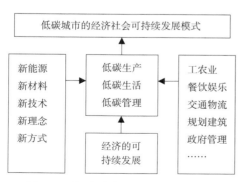

图 4-2 低碳城市的可持续发展模式

① 刘志林，戴亦欣，董长贵，等. 低碳城市理念与国际经验 [J]. 城市发展研究，2009（06）：1-7.

低碳城市发展模式的形成不是一朝一夕可以完成的，需要时间、经验来进行累积。在调整城市产业结构的过程中，注重新技术、新能源等的运用，将城市经济的增长方式转化为"低排放、高能效、高效率"的低碳经济发展模式，创造出新的经济增长点，促进城市生态、有序发展，城市居民健康、积极有效的生活工作是低碳城市所要达成的目标。

4.2.2　绿色交通体系对低碳城市的影响

交通体系相关部门是城市碳排放的重要部门，根据联合国政府间气候变化专门委员会（IPCC）2007 年的报告，全球温室气体排放中，城市交通占 13.1%，是仅次于能源供应和工业生产的第三大排放部门。[①] 随着城市化进程加快以及大型，特大型城市的不断增加，全球人口急剧由农村向城市转移，城市交通部分所承受的负担也越来越重。一方面，城市交通需要对城市各个地区进行有效的联系，保证人流、物流的畅通，另一方面，城市交通范围的拓展对整个城市空间形态的变化具有重要的影响，所以高效率、低能耗的绿色交通体系，是低碳城市的重要组成部分。

关于低碳城市绿色交通体系，可以从以下三个方面进行分析：①技术层面，即运用新的能源、新的技术，从运输工具入手来解决碳排放的问题；②管理层面，对城市进行合理规划，对城市交通进行合理组织，以实现地面交通的顺畅，避免由于拥堵造成的无谓碳排放；③观念层面，在市民中推行 TOD 模式，加大轨道公共交通的使用，以积极有效的公共交通应对碳排放问题（图 4-3 ）。

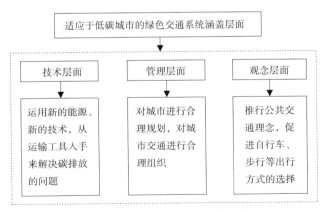

图 4-3　低碳城市绿色交通系统涵盖层面

---

① 余凌曲，张建森. 轨道交通对低碳城市建设的作用 [J]. 开放导报，2009（05）: 26-30.

1. 技术层面

技术层面也是当今低碳经济研究的重点，特别体现在对汽车等交通工具从使用能源到使用效率技术等多方面的关注。有数据显示我国道路运输系统的能源消费量占整个交通运输部门能源消费量的 50% 以上，城市交通中车辆能源消费更是占绝对多数，因而城市交通的能源消费量主要是城市客运的能源消费量。[①] 基于这种原因，环保车是未来汽车工业发展的方向，也是汽车摆脱高碳排放，转变为绿色出行方式的必由之路。

目前环保汽车的研究工作主要以驱动装置、电池回收等一系列问题为研究对象，主要类型有混合动力汽车、插电式混合动力汽车、电动汽车、燃料电池汽车等。其中混合动力车采用的是使马达和发动机都直接与车轴连接的结构，又称并列式混合动力车，是一种 "马达辅助型汽油燃料汽车"；插电式混合动力汽车，采取只有马达与车轴相连的结构，发动机仅仅是为二次电池充电用的发电机，又叫串联式混合动力车，更趋近于电动车，并且具有平时发电的功用；电动车是以电力为驱动能量的车辆，不使用汽油作为燃料，是真正意义上的 "零排放" 汽车。

对于电动车等环保车的普及工作，各国政府也根据各自的国情在积极的推广中。在个人汽车使用率最高的美国，美国前总统奥巴马在经济刺激计划中，专门为普及环保车提供了 250 亿美元的预算。根据美国新能源调查公司的推测，全球环保车计划中，混合动力车的市场在今后 12 年将增加 23 倍，从 2008 年的 48 万辆增加到 2020 年的 1128 万辆，其中，美国市场 350 万辆、欧洲市场 340 万辆、日本市场 80 万辆（蔡林海，2009）。

环保车的普及可以大大减少碳排放量，降低了交通运输领域对石油的高度依赖，从交通运输的源头上做到碳的低排放。

2. 管理层面

在应对全球变暖的问题上，尤其是推进低碳城市的建设过程中，政府的规划理念与管理手段尤为重要。顾朝林（顾朝林，2009）等人认为城市政府的规划能力至关重要，其对应的城市规划的制度框架尤其值得探讨。低碳城市的规划需要关注整体的城市要素，而不是碎化的个体要素；需要强调政府于企业、个人的协同作用，而不是单一一个方向的努力；需要尊重城市发展的基础，而不是在不同的城市推行同样的规划理念。

从城市规划与管理的角度对低碳城市绿色交通体系予以支持，确保城市交通高效

---

① 朱跃中. 中国交通运输部门中长期能源发展与碳排放情景设计及其结果分析（一）[J]. 中国能源，2001（11）：25-27.

率、低能耗，低碳排放的低碳城市发展方式是城市政府管理能力的重要体现。这需要有宏观的控制性，从总体上把握城市交通部分能源消耗以及运行效率的合理性，在恰当的时候进行调控。政府在与企业、个人进行协同合作时，要具有灵活性，可以因地制宜地采取优化的方法进行交通安排与掌握，推行低碳出行方式理念。对城市重新规划与设计改造时要具有前瞻性，根据不同城市的实际情况，制定出适应低碳城市发展模式的城市发展计划，优化城市结构，使低碳城市的绿色交通系统具有更好的操作路径。例如，英国碳信托基金会与 143 个地方政府合作制定了地方政府碳管理计划（Local Authority Carbon Management，LACM），其目的就是控制和减少地方政府部门和公共基础设施的碳排放（刘志林等，2009）。

3. 观念层面

转变人们的出行方式，由单一、无序、分散、低效率、高能耗的个体出行方式向群体、有序、集中、高效率、低能耗的公共出行方式转化，是建设低碳城市绿色交通体系的一种重要手段。

公共轨道交通、公共环保车以及由其引导的公共交通换乘模式是未来低碳城市解决内部交通联系的重要方式。2007 年英国政府发表的《应对气候变化的规划政策》中明确提出要大力发展公共交通系统，鼓励提倡自行车和步行，减少不必要的小汽车交通。余凌曲等人（2009）从环境资源瓶颈、能源资源瓶颈以及土地资源瓶颈等三方面论证了传统城市交通系统面临的问题，提出了轨道交通符合低碳经济的八种特征，认为发展轨道交通对低碳城市建设具有重要的意义。仇保兴（2009b）将交通导向的开发模式（TOD）与"双零换乘"相结合的绿色交通列为最具潜力的低碳生态城建设关键技术之一，他认为中国是一个自行车大国，骑自行车是一种非常好的交通方式。自行车又是通过效率最高的交通工具，对于同样的道路条件，其通过能力是小汽车的 12 倍到 20 倍。提倡把地铁、主干道的公交与自行车的换乘紧密结合在一起，实现地铁到一般公交的零换乘，以及地铁或一般的公交与自行车也实现零换乘，下了公交就可以租一个自行车，刷卡或投币就可骑到家或邻近的自行车停放站。这种零换乘系统建设起来后能够大大降低交通能耗，而且可以大幅度地净化城市空气，从而鼓励更多的市民骑车或步行出行，形成绿色交通的良性循环。[①]

公共低碳出行方式转变的重点是，如何将这种出行观念贯彻到人们的日常生活、行动当中去，这需要通过立法、财政补贴、行政手段、日常教育等多种方法来进行推

[①]　仇保兴. 我国低碳生态城市发展的总体思路 [J]. 建设科技，2009（15）: 12-17.

广与确立，将低碳的公共交通理念注入城市交通的规划与发展之中，提升城市交通部门的能源利用水平，减少城市交通对碳基能源的依赖，在提高城市交通可达程度的同时，降低交通部门的碳排放水平。

4.3　发展高速铁路对低碳城市形成的必要性

现有的低碳城市交通研究，多着重于城市内部的交通联系，而城际间，区域内的低碳交通方式言之甚少。随着全球城市化的日益深入，大城市、超大城市的逐步增多，对于城市之间低碳交通联系方式的需求会变得更加重要。运载效率高、能源消耗少、使用安全系数高、碳排放量少的区域交通方式成为低碳城市建设中必不可少的重要环节。

4.3.1　绿色低碳的交通运输系统

高速铁路作为一种新兴的绿色交通系统，自身具有高效率、低能耗、低碳排放等诸多优势。在与公共汽车、航空运输、私人汽车等交通工具相同运量的碳排放对比中，占有绝对的优势，此外高速铁路还具有占用资源少，运输效率高等优势。

首先，高速铁路在能源利用方面表现突出，较低的碳排放量适应于低碳经济。图 4-4[①]是日本 2005 年不同出行方式的二氧化碳排放量对比，从表中数据可以看出铁路运输在所有运输方式的单位距离中所产生的二氧化碳量是最少的，也就是说铁路运输相对于其他运输方式更有利于减少温室气体的排放，更有利于低碳城市的建设。

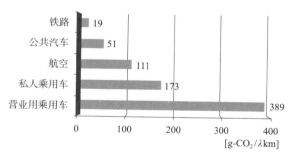

图 4-4　日本 2005 年度不同出行方式的二氧化碳排放量对比

公路交通是交通部门中二氧化碳排放的重要方式，高速铁路对于缓解公路交通运

---

① 柴原尚希，加藤博和 . 地域間高速交通機関整備の地球環境負荷からみた優位性評価手 [C]. 第 37 回土木計画学研究発表会投稿原稿，2008.

力紧张，降低公路运输强度，减少交通对碳基能源依赖，从而对减少由于公路交通拥堵所产生的污染排放有明显的帮助作用。根据蒂姆·林奇（Tim Lynch，1998）的研究，佛罗里达高速铁路的开通，每年可以减少高速公路上的交通堵塞时间为 160 万小时。另外，它还可以每年减少原油消耗 6100 万加仑，减少污染量 13.02 万吨。

贝尔托里尼（Bertolini，1998：29-30）的研究表明，法国铁路在只占整个交通系统排碳量 2.1% 的同时却完成了 11% 的运输量，私人汽车的碳排放量却占整个交通系统碳排放量的 98.4%。在德国，公路运输的排碳量是铁路运输的 8 倍。从中可以看出在使用同量能源的情况下，高速铁路的工作效率远远高于其他交通形式，而在完成同样运量的情况下，高速铁路的能源消耗与污染排放却远低于其他交通形式。美国总统奥巴马在 2009 年 11 月 16 日于上海科技馆对中国青年发表演讲时，也提到了高速铁路对于遏制全球变暖以及降低二氧化碳排放方面的重要性。[①]

其次，高速铁路在运输速度以及运输效率方面，可以满足低碳经济可持续发展的需求。低碳经济在追求低排放的同时，也追求着高效率，因为低碳经济是要实现在低碳排放的前提下继续促进经济增长，保持社会进步。这就意味着交通运输部门需要更快的速度与更高的运量来满足由于经济发展带来的人流、物流的区域间流动。根据有关学者（Oskar Fröidh，2008；张志荣，2002；González，2004）的推算，高速铁路以目前的速度在 600 千米，甚至 1000 千米以内对其他交通形式在速度上以及运量上有压倒性的优势。在时间概念下，3 小时以内的高速铁路速度对航空运输也具有很强的竞争力。由此可见高速铁路的高速度、大运量可以为低碳经济的发展提供区域间便利的运输条件。

最后，高速铁路在保护环境资源方面优于公路交通，符合低碳经济对于环境保护的发展初衷。从完成相同运量的角度出发，修建高速铁路使用的土地要比修建可以完成同样运量公路使用的土地少得多，从而能够节约大量的土地资源。贝尔托里尼（Bertolini，1998：29-30）的研究表明，在法国两轨道的高速铁路线宽 12 ~ 13 米，而双向 4 车道的公路则需要 34 米宽。完成千人千米的运输量需要公路 15 平方米，而完成同样额度的铁路只需要 3.2 平方米，两者之间相差将近 5 倍。建设低碳城市过程中，强调土地的集约型使用，避免城市在公路的作用下无限制的蔓延，本身就是低碳城市的特征之一。土地的节约使用可以大大减少由于城市蔓延所带来的无谓能源消耗，减少二氧化碳的排放，同时为低碳城市的可持续发展节约了资源。

---

① 　新华网 . 美国总统奥巴马在上海与中国青年对话 [EB/OL]. http://www.xinhuanet.com/world/obama/wzzb.htm.

4.3.2 对城市结构的优化作用

城市范围不断变大，城市区域日益蔓延，低密度的城市郊区无止境地扩展着自身的边界，这种高重复、低利用率的城市发展模式是城市地区尤其是大都市地区成为污染排放密集地区的重要原因。

以美国为例，由于在早期的城市开发过程中过分强调交通能力的建设，导致在实际过程中将修建更多的高速公路与道路作为解决交通拥堵问题的核心。^① 在这种城市交通建设模式下，城市的蔓延变得漫无边际，从而带来了一系列环境问题。大量的能源被消耗在交通方面，据统计美国家庭在交通上的花费在可自由支配的家庭收入中平均占 20%，而同样工业化的欧洲，此类开支只有 7%（Bertolini，1998：41），由此可见城市逐渐蔓延对于污染排放带来的重要影响。我国学者刘怡君等人（2009）认为，交通是我国国民经济的基础产业部门之一，是社会经济活动中物流和客流的纽带，也是我国的石油消费大户。因此，需要实施紧凑型城市空间规划，以减少交通需求量；优先发展城市公共交通，构建合理的交通结构；推进城市轨道交通建设，发展大运量的快速公交系统；加大交通科技研发力度，提高清洁能源比重等。^②

区域内需要有新的交通方式来替代高速公路的作用，优化原有的城市结构，促使城市向低碳城市迈进。高速铁路以自身高效率、低能耗的优势，通过整合城市内部的公共交通系统，可发展成低碳城市的绿色交通联系方式，从根本上改变城市结构，使城市符合低碳城市的发展方向。

1. 促进区域内公共交通的发展，加强城市内部可达性程度

由于私人汽车数量的蓬勃发展，城市内部的交通出现长时间拥堵，据统计，北京居民上下班时间的花费，在道路畅通时为每天平均 40.1 分钟，而道路拥堵时则达到 62.3 分钟，由此产生的居民拥堵经济成本为 335.6 元 / 月。^③ 面对严重的拥堵成本，发展公共交通刻不容缓。

作为区域交通的终端，高速铁路车站汇聚了多样的城市公共交通系统，成为城市与城市之间、城市内部之间多层面的公共联系换乘场所。与普通铁路客站不同的是，由于站点聚集、运输频率高、需要换乘的乘客数量众多，如果与之配套的市内公共交

---

① （美）彼得·卡尔索普，威廉·富尔顿，著.区域城市：终结蔓延的规划 [M]. 叶齐茂，倪晓辉，译.北京，中国建筑工业出版社，2007.

② 刘怡君，付允，汪云林.国家低碳城市发展的战略问题 [J]. 建筑科技，2009（15）：44-45.

③ 北京居民堵车经济成本达 335.6 元 / 月 居国内城市之首 [EB/OL]. 新浪网：http://auto.sina.com.cn/service/2009-12-25/1002553270.shtml.

通网络顺畅程度不够，很容易造成车站区域的交通拥堵。发展公共交通尤其是市内轨道交通就成为高速铁路站区发展的必经之路，也是需要其所在城市交通管理部门着重解决的问题。一旦高速铁路与市内公共交通网络可以顺畅连通，区域内地面交通的压力将减小许多，人们的出行也都将选择可靠性更好的公共交通方式。

以法国巴黎为例，20 世纪 60 年代，铁路干线系统是禁止进入城市中心的，但是由于铁路车站与城市中心之间缺乏有效的联系，车站周边都出现了交通拥塞的情况。尤其以圣拉扎尔车站（Gare St. Lazare）为甚，该车站在当时每日都有 25 万以上的通勤乘客。当时巴黎缺乏有效的地铁系统，除少数地方外，地铁系统还没能延伸到市区外面。另外，当时的地铁是按有限的载重标准建设，因此由于轨距的不同而不能和主要的轨道交通系统相连接。结果前往塞纳郊区的旅客不得不在地铁的终点站转乘公共汽车，因而在早晚上下班高峰的时间给这些地点的街道系统增加了负担，并给从市内出来的辐射状公路干线在离中心区 3 ~ 5 千米之间的地带造成不必要的拥挤。①

通过长期建设，巴黎的公共交通网络日趋完善。其地铁系统发展至今已经拥有纵横交错的 14 条线路（另有两条支线），线路总长 213 千米，形成了四通八达的地下交通网络。②巴黎市内的 6 个火车站分别分布在巴黎的 6 个方向，均已成为巴黎城市交通的枢纽站。如巴黎北站、巴黎里昂站等火车站，将公共汽车、地铁、RER 线、市郊铁路等整合成一体，乘客可以很方便地换乘各种交通工具；位于巴黎北郊的戴高乐机场也有快速轨道交通（RER）和高速列车综合车站，刚下飞机的旅客既可换乘 RER 线进入巴黎市区，也可直接乘高速列车去法国其他城市，而不必进巴黎市内转车。

以高速铁路整合的城市公共交通网络有两个显著特点可以适应未来低碳城市的发展要求：①以地铁等有轨交通为骨干，节约了大量的地面交通空间，既减少了地面车流，又避免了由于拥堵而产生的污染，由于轨道交通的重要作用，以至于彼得·卡尔索普等人（2007：160）认为公共交通的下一场革命可能不是高科技，而是更新老式铁路，以净化我们的环境，成为现代大都市的主要交通工具，目前法国巴黎轨道交通系统承担了 70% 的公共交通运量；英国伦敦轨道交通运量占公共交通运量的 89%；日本东京轨道交通占公共交通量的 80% 以上，在名古屋、大阪等大城市中轨道交通都占公共交通量的 2/3 以上（余凌曲等，2009）；②公共网络层级分明，区域间、城市各部分之间均有可避免换乘的直达车辆，各交通节点联系紧密，避免换乘过程中污染的产生。根据中国交通部科学研究院、城市交通研究中心 2009 年环境与发展国际研讨会背景报

---

① （英）P·霍尔，著.世界大城市 [M].中科院地理研究所，译.北京：中国建筑工业出版社，1982：38-39.
② 李凤玲，史俊玲.巴黎大区轨道交通系统 [J].都市快轨交通，2009（01）：101-104.

告，公共交通（包括公交车、电车和轨道交通）在中国城市的交通出行结构中，比例仅占 10% ~ 20%，远低于类似规模发达国家城市的平均水平（50% ~ 70%）。加强公共交通网络的覆盖，促进市民乘坐公共交通工具出行，是建立绿色交通系统的重要任务。诚然，城市公共交通网络的完善需要一个时间过程，但高速铁路设站的城市可以以此为契机，逐步完善该城市的交通网络建设。

我国的高速铁路客运站建设起步较晚，但已经建成的北京南站业已成为一个集高速铁路、城际铁路、市郊铁路、普速铁路、地铁、公交、出租车、私人汽车各种交通形式为一体的相互转换极为便捷的换乘枢纽。已经建成并投入使用的上海虹桥综合交通枢纽集中了高速铁路、航空、城际与市内轨道交通、长途公共汽车、市内公共汽车等公共交通形式，其中地铁线路就规划建设有 2 号线、5 号线、10 号线、青浦线、17 号线等 5 条线路。伴随着这些高铁车站建设而逐步铺开的城市公共交通网络改进了现有交通状况，改变了城市结构，向低碳城市的绿色交通模式进行转变。

2. 加强城市中心发展度，提高土地利用水平

城市空间结构与城市土地利用有着极密切的关系，城市土地利用的状况，相当程度上决定了城市空间结构模式的选择以及城市空间形态结构的优劣。好的城市土地利用将对城市空间结构产生协同效应、衍生效应与增强效应。沈清基（2004）总结了"城市空间结构土地利用的生态高效性原理"，包括：①城市土地承载力、土地开发度和土地利用强度的关系应科学合理；②城市土地用途应有足够的多样性和土地功能的混合性；③城市土地利用应有合理的紧凑度；④城市土地利用应有合理的集约化；⑤城市土地利用应有三度空间的发展特征。[①]

同时，交通方式与土地利用之间关系紧密，它们之间的反馈关系是明显的，土地利用模式决定了出行需求，同样位置、规模以及交通设施的特征决定了一个区位可以开发的土地。每个交通系统都与土地的利用模式相互影响，处在自我强化的反馈中。韦格纳（Wegener，2004）从土地利用与交通活动之间的关系出发，提出了"土地利用与交通反馈环"，用环状结构来解释交通活动与土地利用之间的关系，分析说明了可达性与活动这两种因素处于交通活动与土地利用的关联点上。由高速铁路引导的交通系统也不例外。

从已有的高速铁路站区实例可以看出，高速铁路站区引领下的城市空间存在着以下特点：①由于高速铁路整合的交通系统带来可达性的增强，高速铁路站区位置的吸

---

① 沈清基. 城市空间结构生态化基本原理研究 [J]. 中国人口·资源与环境，2004（06）: 6-11.

引力明显增强，靠近站区的商业活动频繁，土地价值上升，出现土地利用的圈层式分布；②土地利用强度大，不仅水平方向出现了扩展式增长，并且有向上与向下利用的趋势。由于土地价值增加，车站通过上盖工程等技术手段增加可利用土地，使建筑更趋向集中于车站周边并通过向上加高与向下挖掘来拓展可利用空间；③站区土地利用的多样性与混合性可以满足其成为或增强城市中心区的能力。根据距离车站的可达程度来进行划分的土地利用功能分布，增加了地区城市功能的多样性与混合性，使站区城市空间的功能更趋合理。

4.3.3 促进城市区域更新

由于高速铁路车站的引入可以吸引来大量的资金对原有城区进行建筑更新建设，在新标准、新观念的要求下，结合现有的新技术、新材料、新方法所建造出的建筑比老旧建筑在节能、环保、资源再利用等多方面具有优势，成为城市建筑群中具有较高品质的区域。其中，以凸显时代感与新技术材料为主要表现方式的高速铁路车站，具有重要的示范作用，为低碳城市的绿色建筑建设营造必要的氛围并提供应用经验。

首先是通过设计方法来进行节能减排。作为大型公共建筑，高速铁路车站本身也是大量能源消耗的场所。由于车站功能复杂，又有大量的人流通过，采光、取暖、冷气、通风、通信等皆需要大量的能源供给。设计师一般会针对建筑的功能采取某些设计手段来减少部分能源的消耗，最常见的手法是利用自然光以及自然通风等，具体来说有：①尽最大可能采用自然光源，减少人工光源的使用，注重人工光源的使用方式与效率；②尽可能实现自然通风，减少机械通风，运用自然通风的方式改善室内温度，减少空调的使用；③注意站内的声设计，减少由于列车通行带来的噪声污染；④通过软件模拟人流方向、人流量大小，从而在设计中避免由于标识不清、人流交叉所带来的能量不必要损耗。

其次是通过新技术、新材料的运用来实现节能减排。高速铁路车站同其他大型公共建筑一样，追求的是时代的前沿，当今的高科技、新材料、新方法无疑为高速铁路车站披上了时代的外衣，这本身也是车站需要的内容。尤其是讲求低碳城市绿色建筑的今天，为自身减少能源损耗以及为普罗大众提供绿色建筑技术示范，高速铁路车站大量运用先进节能技术也就不足为奇了。

以北京南站为例，北京南站的站房中，冷、热、电的需求构成了能源供应系统的基本元素，是贯彻节能减排工作的重点。而目前的站房主要以高大空间为主，暖通空调系统的能耗极大，约占总用电负荷的60%。暖通空调系统组成主要包括冷热源、输送系统和末端设备等部分，其中冷热源占系统能耗的 50% 左右，是挖掘节能潜力的重要环节。在北京南站设计之初，根据对项目具体情况的分析研究，确定了市政电网、热、电、冷三联供 + 污水源热泵及太阳能发电系统相结合的能源供应方式，实现了对能源的高效梯级利用和可再生能源的利用。

北京南站的冷、热、电三联供系统是通过内燃机燃烧天然气，一方面发电，另一方面回收余热，经过烟气吸收式冷温水机供冷（热），达到夏季制冷和冬季供暖的效果。根据测算，北京南站的冷、热、电三联供系统年发电量为 1263 千瓦，占总用电量的 48.7%。在北京南站的屋顶采光窗还安装了铜铟镓硒太阳能光伏电池与建筑一体化组件（王睦等，2009）。

最后，由高速铁路车站地区开发，对车站周边新建筑或旧建筑改造带来的衍生效应。高速铁路站区的开发并不仅仅单纯是高速铁路车站，而是针对一个地区新建或更新一批建筑。这些新建筑虽然处于可达性较高的地区，但为了增强自身的吸引力与原有城市中心区进行竞争，也会对建筑本身进行领先于时代的设计或改造。运用贴合时代的新标准、新观念来对建筑进行设计与经营，就造成了高速铁路车站地区的城市品质普遍要高于市内其他地区，在竞争中占有相对有利的位置。

4.4 高铁客运站区空间形态对发展低碳城市的促进

低碳城市的发展是以新能源新技术为根基，以减少污染排放、继续发展经济为目的的城市发展模式。由于新技术、新材料、新方法、新观念的逐步使用，必然会对城市的土地使用以及功能安排产生影响，城市空间形态也会随之发生变化，而城市空间形态的合理性也会对新技术、新材料、新方法、新观念的实施与作用产生增强效应，它们之间存在着互动关系（图 4-5）。从中可以看到，合理的城市空间形态会对低碳城市的发展起到事半功倍的效果。

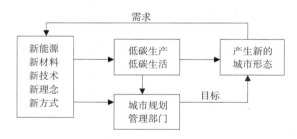

图 4-5 低碳城市需求下促生新的城市形态

中国科学院可持续发展战略研究组在其《2009 年中国可持续发展战略报告》中提出了中国低碳城市的总体战略目标是：促使中国城市从"碳基能源"向"低碳能源"和"氢基能源"转变，改变以往高消费、高排放的生活模式和生产模式，提倡低碳建筑和公共住宅，大力发展公共交通和轨道交通，建构多中心、紧凑型、网络化的城市空间格局，以实现城市经济社会的低碳发展，最终建立以低能耗、低污染、低排放和高效能、高效率、高效益为特征的低碳城市模式，并通过优化能源结构、调整产业结构、转变生活方式、加强技术创新 4 个方面具体落实。[①]

从文中可以看出，出于对城市整体空间的低碳化考虑，要发展公共交通与轨道交通，将城市构建成多中心、紧凑型、网络化的空间格局。基于这些要求，对于新建城市的规划以及既有城市的改造应加入低碳城市的发展模式，用新的观念规划与管理城市。仇保兴（2009a）认为，全球现在只有发展中国家（如中国和印度）的城市空间结构有较大的可塑性，引入新模式来建设城市的成本相对较低。并认为低碳生态城市的两种模式，即新建生态城以及已有城镇向低碳生态城镇转型，这两种模式是并行不悖的。在这种情况下，由高速铁路站区引领下的城市空间发展方式，从空间形态的塑造到交通方式的改进是符合低碳城市形成或改造要求的。

4.4.1　趋向高速铁路车站的向心性

通过对美国 66 个大都市区的研究发现，美国的城市发展与城市居民生活碳排放之间存在一些规律，即不同收入水平的家庭，居住在城市郊区会比居住在城市中心区产生更多的碳排放，这是因为郊区的住房密度低且面积大，居住在郊区的居民更倾向选择私家车辆作为出行方式，并且郊区的居民与就业地距离也比较远。随着城市的蔓延，这种区别更加明显（Glaeser and Kahn，2008）。[②]

表 4-3 是针对美国大城市地区，城区能耗与郊区能耗的差别，其中能明显看出郊区自驾车所产生的二氧化碳远高于城市中心区，这多是由于郊区缺乏有效的公共交通，出行方式多选择自驾车而造成的；同样由于公交系统相对完善，城市中心区的公共交通量远大于郊区；关于家庭供暖消耗能源产生的二氧化碳，多数城市地区的郊区远高于市区；同样大多数城市地区的郊区用电量也高于城市中心区；郊区比城区用于二氧化碳排放的费用也多。

---

① 中国科学院可持续发展战略研究组 .2009 中国可持续发展战略报告 [M]. 北京：科学出版社，2009.

② Glaseser E L，Khan M E.The Greenness of City[R].Rappaport Institute for Greater BostonTaubman Center for State and Local Government，2008.

城市名称	由于自驾车产生的排放差别（磅二氧化碳）	由于公共交通产生的排放差别（磅二氧化碳）	由于家庭供暖产生的排放差别（磅二氧化碳）	由于家居耗电产生的排放差别（兆瓦小时）	用于二氧化碳排放的消费差别	48个地区中的排名
纽约	6172	-2367	6521	2.68	$303	1
洛杉矶	669	-229	-382	-1.72	$36	47
芝加哥	5479	-2624	-2449	0.85	$38	33
波士顿	6573	-1091	3423	0.90	$214	4
费城	6836	-2286	256	2.35	$185	5
底特律	4368	-1214	-6702	-0.33	$88	48
华盛顿	5330	-2280	80	3.41	$180	6
休斯敦	2760	-561	675	2.87	$158	7
旧金山	3969	-939	1726	1.82	$142	11
亚特兰大	6375	-1242	35	3.45	$220	3

美国大都市区郊区与城区间二氧化碳排放差别　　　　表 4-3

　　由此可见，降低城市汽车出行并伴随着高速公路的无序蔓延，加强城市中心区建设，使城市中心区的土地利用合理化，城市公共交通网络覆盖密集化，是现有城市迈向低碳城市发展所必须经历的城市结构调整。顾朝林在其编著的《气候变化与低碳城市规划》一书中认为，运用高速公路、高速铁路和电信电缆的"流动空间"构建巨型城市[1]，高速铁路对于低碳城市空间结构的构建作用，尤其是在巨型城市、城市群以及网络城市中的结构性作用，已经被越来越多的学者所注意。从高速铁路车站区本身对城市形态影响的特性上来讲，该区域具备成为低碳城市中心区的要求特征。

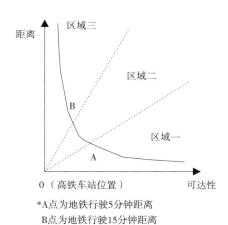

图 4-6　以高速铁路车站为原点的距离与可达性关系

*A点为地铁行驶5分钟距离
　B点为地铁行驶15分钟距离

　　高速铁路站区具有成为低碳城市中心地区所要求的"向心性"，这种向心性是建立在可达性基础上的，可增强城市发展的紧凑度与密集度。

　　首先，高速铁路站区向心性产生的原因是其本身具有"节点"以及"场所"的双重特性，作为交通网络上的节点，其周边城市地区的交通可达性和与其之间的距离在理想的城市空间以及交通状态下成反比（图 4-6）。距离高铁车站距离越近，其可达程度也就越高，这种距离本身也与是否使

---

① 顾朝林，谭纵波，韩春强，等．气候变化与低碳城市规划 [M]．南京：东南大学出版社，2009．

用交通工具、使用交通工具的种类有直接关系。其次，城市公共交通网络在节点处得到整合，这也是吸引力产生的第二个原因。公共交通网络的发展不可能是平行的，必定要有交点汇集，否则就失去其发展的意义，其存在作用也会减小。如高速铁路车站这类的大型交通节点，作为城市间联系的重要门户，是公共交通网络汇集的重要场所。越靠近节点，公共交通网络密集程度越高，相对应的可达性程度也就越高，人均交通碳排放量也就越低。需要注意的是，土地使用和公共交通系统必须综合起来，否则会为城市的无序蔓延提供机会（彼得·卡尔索普等，2007）。

图 4-6 中，根据距离与交通可达性勾勒了城市中心的组成部分，不同的城市区域在可达性、公共交通网络密度、城市密度以及二氧化碳排放量方面有很大的不同（表 4-4）。

以高铁车站为起点所划分的不同区域特性　表 4-4

区域＼属性	距离	可达性	公共交通密度	自驾车使用频率	人口密度	城市密度	二氧化碳排放量	所属范围
区域一	小于等于 5 分钟地铁行进距离	高	大	低	高	大	少	核心区域
区域二	大于 5 分钟地铁行进距离并小于等于 15 分钟地铁行进距离	较高	较大	较低	较高	较大	较少	次要区域
区域三	大于 15 分钟地铁行进距离	低	小	高	低	小	多	外围区域

最后，由于可达性程度产生的"吸引力"使得大量资本向这里集中，商业商务活动频繁，从而高速铁路车站附近的土地利用程度得到提高，城市的密集程度进一步加强。

4.4.2　形成多中心网络性发展

单中心区域在相当长一段时间内被认为是典型的区域空间形式，但随着城市的发展，单中心的城市结构对于城市发展的不利因素也逐渐显现出来。首先，由于城市聚集的商业、工业趋近中心，居住人群逐渐转移向郊区，最终造成了城市郊区化的现象，大量的土地资源与能源被浪费，直接造成了城市运营成本以及污染的产生。其次，由于城市的蔓延，城市建成区面积扩大，与自然环境相距增大，城市内部长期得不到新鲜空气的补充，污染现象严重。

与单中心城市（Monocentric City）这种城市结构相对应的还有走廊城市（Corridor

City）以及网络城市（Network City）等城市结构体系（图 4-7）[1]，与单中心城市不同的是，一些多中心的网络城市由于它们的功能和区位关系，使得它们具有整体的竞争优势，且这种城市群的数量也在不断增长，典型的例子如荷兰的兰斯塔德地区。有学者（Batten，1993）认为某些网络城市可以有更大的多样性与创造性，比同等大小的单中心区域拥有更少的拥塞和更多的区位自由度。[2]

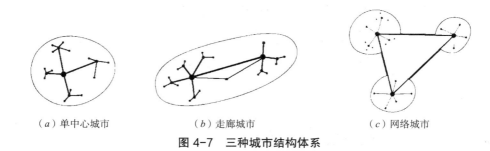

（a）单中心城市　　　　　　（b）走廊城市　　　　　　（c）网络城市

图 4-7　三种城市结构体系

　　针对原有单中心城市结构不适于未来城市发展的现实情况，尤其是不适于低碳城市规划，一些学者（中国科学院可持续发展战略研究组，2009；顾朝林，2009b）提到了多中心以及网络化城市布局。相对于单中心城市发展的局限性而言，多中心城市、网络化城市具有很多不同的特性（表 4-5），应当看到的是，虽然网络城市体系中强调的节点也是具有向心性的，可达性程度在某一区域也会存在着垂直分布。

单中心体系与网络体系对比　　　　　　　　　　　　　　表 4-5

体系	单一中心体系	网络体系
特性	中心性	节点性
	规模依赖性强	规模依靠性弱
	倾向于向首位屈从	倾向于弹性与互补性
	同质性产品和服务	异质性产品和服务
	可达性垂直分布	可达性水平分布
	单向流动	双向流动
	运输成本	信息成本
	完全竞争	非完全竞争

① Batten，D.F. Network Cities：Creative Urban Agglomerations for the 21st Century[J]. Urban Studies，1995，32（2）：313-327.
② BATTEN，D.F.Network cities versus central place cities：building a cosmo-creative constellation[M]// A；AN.E.ANDERSSON，D.F.BATTEN，K.KOBAYASHI and K. YOSHIKAWA（Eds）The Cosmo-creative Society. Heidelberg：Springer，1993.

对于目前的城市而言，虽然也存在着一定的反趋势，但是有证据表明，至少在城市内部和都市密集地区之间以汽车为主的交通系统已接近于饱和。对于由公路交通形式促成的卫星城镇以及城市多中心，潘海啸等人（2008）认为，在区域规划中常采用如图 4-8（a）、（b）所示的简单的卫星式向心结构的多中心城镇空间组织形式，希望交通出行主要产生在各级城镇内部。而由于区域乡镇的发展多依托公路网络（图 4-8c），这样的结构下人们的出行将更多趋向于有利于小汽车的方式，从而使得交通出行随机散布在整个区域空间内（图 4-8d），呈现一种无序状态。在无序出行已形成的前提下，重新组织区域的空间结构和交通体系（图 4-8e）将是一件非常困难与艰巨的任务。区域空间规划策略的任务就是引导区域的交通出行向如图 4-8f 所示的更加有序的方向发展。[①]

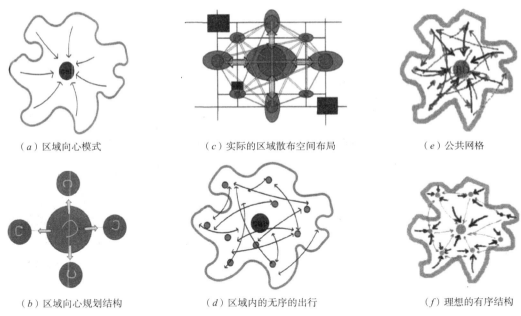

（a）区域向心模式　　　　　（c）实际的区域散布空间布局　　　　　（e）公共网格

（b）区域向心规划结构　　　　　（d）区域内的无序的出行　　　　　（f）理想的有序结构

图 4-8　区域规划中的多中心结构与交通体系

由于私人汽车交通管理困难，拥堵和污染正在为其他交通方式形成有利替代条件，其重点在于组合、调整和更新现有的交通方式。更具体地说，一体化运输网络的概念正成为重点，这也是用来确定高速铁路车站发展机会的一种视角。

城市空间越来越依靠围绕专业化、综合化的活动节点来进行组织并分布在城市地

---

① 潘海啸，汤锡，吴锦瑜，等 . 中国"低碳城市"的空间规划策略 [J]. 城市规划学刊，2008（06）：57-64.

区,通过相关的物质（如运输）和非物质（如信息）网络进行连接。在综合运输网络中,高速铁路车站可实现在长距离、中距离和短距离旅行之间以及不同运输形式之间的转换。也就是说,在一体化交通网络中,不同尺度的区域概念中都可以实现公共交通网的覆盖并出现相对应的节点。实际上,这种转化能力有效地加强了当地的公共交通系统,同时停车场设施,空—铁联线都可以使不同运输系统的关系从竞争者转变为合作者,并可通过高速铁路的影响,改变某些交通的进行方式与效果,从而达到降低能源使用、减少二氧化碳排放的目的。

围绕着运输综合网络中的不同节点,逐步形成城市中心区,这些中心区的侧重核心可能有所不同,多个网络城市依靠着交通网络连接成为城市网络。高速铁路站区所形成的节点在整个网络中,层级最高,这是由于在它的站内涵盖了长途、中途、短途三类交通联系,其他交通节点形成区域通过交通连接向其集中。正是高速铁路车站在整个综合交通网络中的重要地位,在低碳城市发展模式中,其必将对城市多中心、网络城市乃至城市网络的形成起到重要作用。

4.4.3 对城市土地的集约型利用

越来越多的研究证明,城市土地利用的限制程度与城市居民的生活碳排放量之间存在着显著的相互关系,高密度的城市开发可以有效地减少碳排放（Glaeser and Kahn,2008）。1996年联合国在伊斯坦布尔第二次人类居住会议上为今后的城市发展明确了方向,即综合密集型城市。[①]

城市的空间形态在很大意义上是由城市的交通体系决定的,交通方式与土地利用之间存在着明显的互馈关系（Wegener,2004;毛蒋兴和闫小培,2002,2005）。通过对交通方式的研究,汤姆逊（J. Michael Thomson）认为交通与城市之间相互性质的影响造就了不同的城市格局,并根据不同的城市发展策略提出了5种不同的城市布局。城市交通方式的选择决定了该城市未来的发展格局,从而直接影响到了城市土地的利用。

由于私人汽车的广泛使用,原来居住在城市中心区的中产阶级得以避开城市的污染与嘈杂,定居在郊区,从而造成了城市郊区化与城市空心化,这都是直接导致城市密度下降的主要原因。这种以私人汽车为主导方式的交通,造成了城市向周边区域拓展,无限制的蔓延,在这个过程中大量的能源消耗在了交通通勤上,土地得不到合理的利用,浪费现象惊人。根据潘海啸等人（2008）的研究,世界上以小汽车为出行主导方式的

---

① 陆化普,等.中国中心城市可持续交通发展年度报告 [M].北京:人民交通出版社,2007.

高能耗城市，无一不是低密度的。可见建设低碳城市，首先要建立起绿色交通体系避免高排放、高能耗、无秩序的交通形式，合理促进城市土地利用。

以高速铁路为先导的公共交通体系，能有效地推进公共交通走廊型的城市空间增长方式，将新的开发集中于公共交通枢纽，有利于公共交通的组织，实现有控制的紧凑型疏解，合理的使用城市用地，从而实现"低碳城市"的目标。

1. 车站周边的聚集性

1987 年美国生态学家理查德·瑞杰斯特（Richard Register）在其《Ecocity Berkeley —Building Cities for a Healthy Future》一书中指出理想的生态城市应具有六点特征，其中之一便为：紧凑的空间发展模式是三度空间发展，而非平面的扩张模式（沈清基，2004）。前文已经提及高速铁路车站周边区域会形成紧凑的空间发展模式，这种发展并不是平面展开而是向三维发展的，符合生态城市的基本特征。

由城市交通可达性决定的向心性是高速铁路站区空间集聚的重要原因，可达性决定了城市空间结构中静态空间与静态空间之间以及静态空间与动态空间之间的连接效率程度，城市结构内部组织之间以及内部同外部组织之间的联系水平。高速铁路客运站集合了各种公共交通方式，是城市内部组织之间以及内部与外部之间联系的重要出发点或进入点，其周边土地价值随可达性的变化而变化，从表 4-6 可以看出愈靠近高速铁路车站的地区，公共交通网络密度越密集，土地利用效率越高，空间的紧凑程度越强。

2. 沿廊道发展

以高速铁路车站为核心，结合公共交通系统进行以公共交通为导向的走廊式发展可以整合城市用地，避免由于私人汽车泛滥而造成的城市用地浪费。布鲁姆等人（Blum *et al.*，1997）通过研究高速铁路对区域经济的影响，提出了"走廊效应"（Specific Corridor Effects）这个概念，走廊效应是指通过区域间可达性的增加，以及区域间直接沟通联系（face-to-face）情况的改善对于区域经济的发展有积极的影响。

若想要将各城市地区串联成为一个功能区域，单单靠高速铁路是不够的，必须还要有一个完善的联系道路系统，根本地将整个走廊涵盖的城市连接起来。从整体上讲，在该区域的家庭或者是公司大致上可以享受到聚集经济、效率增加以及生产力增加所带来的好处。

从土地利用上来讲，以公共交通为导向的发展模式可以大量的节约城市土地，增加交通运量，减少城市对公路交通的依赖。彼得·卡尔索普等人（2007）研究了美国旧金山以北的索诺马和马林县的 1010 公路发现，仅仅改变那里 5% 的土地使用，便

可以使一个待建的轻轨交通线增加两倍的载客
量。土地使用上不大的变化就大大减少了增加
公路通行的需要，而增加公路通行能力既昂贵
又破坏环境，并认为以公交为导向的土地利用
模式有足够的可利用土地。

　　丹麦首都哥本哈根地区的手指状发展是以
公共交通为导向走廊式发展模式的典型案例
（图4-9）。1947年概念一经提出便引起了社会
的极大兴趣，手指状发展是建立在轨道交通的
基础上，城市用地规划出一部分用地作为农业
区与游憩区加以保护，一部分区域被规划成建
设区，建设区的要求是能够充分容纳将来的发
展，同时又不致引起地价大幅上涨。其中规划
中规定轨道交通车站周围1千米范围内所有的
地块都被划为城市建设用地。轨道交通车站周
围土地被允许的最高建筑密度也有大幅度的增

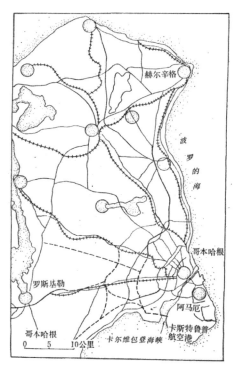

图 4-9　哥本哈根手指状发展示意

加，并用建筑密度奖励的杠杆来支持站点周边的商业地产的开发（潘海啸，2008）。通
过这种手指状发展模式的发展，有学者（汤姆逊，1982）认为，手指状发展模式防止
了城市在哥本哈根地区的无限制蔓延。

　　在有效防止城市蔓延的同时，廊道之间的"楔形绿地"为城市的生态平衡提供了
绿色保障，利用自然因素营造生态基质，架构城市生态廊道网络，开辟绿色斑块，实
现对自然条件的合理利用，使城市形成一定的起伏，形成"斑块—廊道—基质"绿色
网络系统[①]，最终使城市与大自然有机融合在一起，互惠共生，实现城市的可持续发展，
这本身也是低碳城市贴近自然、扩大绿化面积、增加"碳汇"的需求。

　　为应对全球气候变化、加快低碳经济发展步伐，2009年12月7日至18日《联
合国气候变化框架公约》第15次缔约方会议暨《京都议定书》第5次缔约方会议
在丹麦首都哥本哈根举行。在会议召开前夕，中美两个碳排放大国都相继公布了减
排目标。中国的目标是，到2020年单位国内生产总值二氧化碳排放比2005年下降
40%～45%。美国的目标是，2020年温室气体排放量在2005年基础上减少17%。

---

① 　邬建国.景观生态学—格局、过程、尺度与等级[M].北京：高等教育出版社，2003.

在面对这种全球性问题的时候，人类需要放下相对个体的利益来换取自身以及整个地球的健康发展。城市作为人类碳排放的重要场所急需得到重新的认识与规划，以便适应未来低碳经济的发展模式。城市交通系统、城市土地利用、城市结构模式等存在着互馈关系，解决好城市交通系统等问题便可有力地促进城市结构向低碳城市结构转型。

4.5　高铁客运站区合理空间形态探讨

高速铁路作为一种运输系统，对城市空间形态造成的影响无疑是巨大的。有西方学者（Conti，1996）认为，研究城市这种复杂的现象，以及城市与高速铁路之间的关系，是一个系统性的理论。城市与高速铁路之间的关系不会是简单的因果关系，而是需要相互调整适应（"结构耦合"），交通运输系统无疑会影响城市的发展走向。

在这种情况下，高速铁路客运站区空间形态与既有城市形态之间的关系，变得十分重要，因为这直接影响到了未来城市发展的走向以及区域内部物质流与非物质流的集聚方向。高速铁路客运站区城市空间形态的研究正是基于这种原因，从站区空间形态的适应性、弹性成长、生态性以及经济性等四方面来探讨合理的站区空间形态发展方式。

4.5.1　站区空间形态的适应性

1. 与城市规模空间形态的适应

对于一个城市来说，如何针对自身的经济、城市发展规模、社会构成、历史文化、地理环境等城市特点来合理设置高速铁路客运站的位置、规模是非常重要的。合理的设置策略可以对城市起到促进作用，与之相反的是设置的不合理会对城市的发展带来负面作用。贝格等学者（Berg and Pol，1998；Pol，2002；Plassard，2003）认为，如果地方参与者——政府、企业、大学、商会、商业、环境和文化组织等，得到充分的组织并且建立共同的战略来利用高速铁路的优势，城市将会得到发展与改进。如果没有制定相应的战略，那么预期的效应将不会显现。

对于地方发展的一个最重要的因素就是规划，或更确切地说，如何将地方参与者组织起来实施利用高速铁路的战略计划，以及地方参与者与其他参与者就车站在城市的选址如何进行互动。必须确定哪种组织是内部局域网络，哪一种又是在国家和区域范围内的。因此，要考虑几个要素，来决定高铁车站规模的大小是否可以与城市空间形态相适应：

（1）要先分析现有的技术条件，来确定高铁车站在城市中的位置。因为车站的选址（中央、边缘或者半边缘）（centric，peripheral，semiperipheral）是由城市的特点和车站附近——城市的经济潜力所在等诸多因素来决定的。这种选择就确定了车站与原有城区的位置关系以及未来发展的联系。

（2）车站规模必须与车站在整个交通网络中的位置与网络品质相协调。网络品质和空间结构决定了高铁车站影响的范围。高铁车站作为一种转接枢纽，其网络品质分为两个方面：①对外网络品质表示的是该高铁车站在整个高铁运输网络中的位置，这一般与城市等级相对应，分为国际级、国家级、区域级以及城市级。级别越高那么车站相应的规模也就越大，在车站周边的物质流与非物质流集聚也就越大；②对内网络品质是指车站与城市以及区域交通网络的连接，这直接影响到了车站的服务半径与覆盖范围。

（3）车站规模要与城市等级相适应。这个因素其实在前两种因素中已经有所体现，之所以单独列出是因为车站作为城市的代表往往直接体现了该城市在城市等级体系中的位置，车站规模也与城市等级体系直接相关。有学者（Pol，2002：18；FELIU，2007：573）已经论证过高铁车站与城市等级体系的关系，在区域竞争日趋激烈的今天，城市往往通过建设高速铁路车站来加强城市现有的等级地位。当然也会出现像法国里尔这种类型超越城市等级的车站与城市关系，但同时应该看到由于欧洲里尔车站在整个欧洲高速铁路网络中的重要地位，里尔的城市地位也随之上升，这也使得车站规模与城市地位趋向一致。

2. 与自身功能及周边城市功能的适应

贝尔托里尼（Bertolini，1996）最早提出节点区域包含了两方面的内容："节点"价值与"场所"价值，即交通功能与城市功能。贝尔托里尼通过"橄榄球模型"（Rugby Ball Model）来分析车站区两种功能的互动情况，并得出了对应的车站区类型，一个节点的节点价值和场所价值应该大致维持平衡，理想的情况下，一个节点应在"橄榄球"区域内。

一般来说，高速铁路的引入会加剧车站地区的本质矛盾。因为高速铁路加强了车站的节点作用以及与远程地区的联系，这势必会带来更为密集的物质流与非物质流的集聚。如果车站地区与原有城市地区的结构不能相适应，那么车站地区的发展就会受到制约。

另一方面，欧洲绝大多数高速铁路车站的新建与重建计划，都强调自己的重建工作创造了一个多样化的环境，整合了新建的和现有的建筑，即将交通功能与城市功能加以整合。这也反映了城市发展需要多功能化的共识，多功能化的城市地区具有生动的、愉悦的城市环境的基本特征。高铁站区城市功能与原有城区城市功能的互动体现在两方面：第一，它们为城市的经济和社会基础增加了多样性，并可帮助稳定房产的价值。多样的用途也被认为是可以改善公共场所安全性的，因为它可有效诱导人们对自己的行为进行自我监督。因此，许多人认为这将有助于更有效地利用运输能力。第二，与周边城区城市功能相互补充，促进城市的发展。高铁站区拥有比原有城区更好的城市品质，能够吸引更多人口在此办公与居住。适当的，多样性的城市功能会增加高铁站区的城市活力，避免出现如同早先中央商务区（CBD）人口密度昼夜差距过大的局面。这一点也能表明高铁站区要发展多样化城市职能，成为城市中心区的意义。

4.5.2 站区空间形态的弹性成长

1.空间形态的可成长性

高速铁路站区的发展是一个变化的过程，伴随时间维度的延伸，站区的覆盖范围和辐射半径会有所变化，空间密度与周边环境也会有所改变。例如在里尔欧洲项目中，起初侧重于各种不同的设施，比如大型多功能会议中心，大宫会展中心和大型购物中心等。在里尔欧洲项目增加的部分和正在实施的该项目的第二阶段办公空间与设施之间的比例将趋于平衡。与此同时，自 1997 年以来，该计划的总体规模不断增加，越来越多的地区被添加到项目当中。

空间的可成长性来自于三个方面：地上空间增长、地下空间增长、由空间压缩（可达性改变）带来的范围扩大。其中前两个方面受到车站区等级影响较大，如果车站区辐射半径大，等级地位高，那么车站区的土地利用率就会相应的需要提高。由空间压缩带来的范围扩大则是因为可达性的改变，压缩了车站区附近的地理概念。

（1）地上空间增长

由于土地利用率问题，车站区建筑群会出现向车站所在位置集中的趋势。舒茨（Schütz，1998）、波尔（Pol，2002：26）所划分的三个区域中，建筑密度根据可达性划分为极高（一级）、高（二级）、有限（三级）。在一级区域内建筑物有靠近车站以及向上的趋势来增加土地利用效率。在许多欧洲高铁车站新建或改建项目中，一般是通过铁路上盖工程来解决这个问题的。这方面的例子有荷兰阿姆斯特丹南阿克西斯区车站项目、德国法兰克福车站、法国欧洲里尔项目等。土地利用效率与建筑密度的疏密在进行处理前后差异也比较大，比如在荷兰阿姆斯特丹南阿克西斯区车站项目中，隧道修建与否可以导致车站区建筑面积相差 2.5 倍之多。

（2）地下空间增长

同样由于对站区土地利用的需要，地下空间的增长变得越来越普及。地下空间的发展与地面空间的发展是相互促进、互为因果的过程。从某方面来说，正是由于地下空间可以开发的可能性，才会导致地上空间的变化。交通空间是地下空间的主干，也正是由于车站候车，部分铁轨、换乘系统等交通空间转入地下，地面上才有更多的可利用土地来进行其他城市功能的开发。

（3）由空间压缩带来的范围扩大

这种地理概念上的空间压缩是由交通可达性引起的，这种空间上的增长取决于两个因素：①交通连接条件的改善；②交通工具的发展更新。在相同的交通条件下由于使用不同的交通方式在相同时间内，居住地与车站之间的距离有明显的变化。从图 4-10 中可以看出，在使用不同交通方式的前提下，相同时间内，站区覆盖半径的变化情况。其中按理想状态条件下（不拥堵，无存取车环节，交通均匀分布）步行速度设定为 5km/h，自行车速度设定为 15km/h，公共汽电车速度设定为 25km/h，私人汽车速度设定为 45km/h，地铁速度设定为 65km/h。

2. 与周边城市空间形态的良性互动

前文已谈到高速铁路站区对城市空间形态发展的影响：牵引城市空间的发展方向、促进城市多中心的形成以及促使城市结构优化。高铁站区与周边的城市空间的关系是密不可分的，并且与之互动频繁。一般来说，多节点方式比单节点方式更适合促进城市节点的运输价值和城市功能价值。道路网和公共交通线路和网络，应与网络城市和城市网络的多节点城市设计同步。对于节点的运输能力和城市功能的加强，地产发展可以发挥特殊的作用，公共交通的品质与房地产的发展可以相互得到加强。如果公共交通的能力偏弱，房地产价值将会大幅下降。如果房地产不够发达，那么将只有很少的乘客量和盈利能力，同时公共交通会受到压力。这种相互作用在日本得到了优化，因为公共运输经营者直接参与地产发展及管理。日本铁路公司的经验表明，这是开发获得成功的法则之一（Van de Velde，1999）。

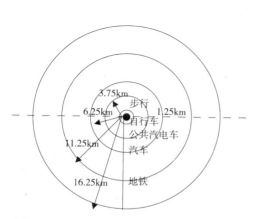

图 4-10　不同交通方式下 15 分钟内可达性变化对站区范围的影响

车站地区的公共设施在非高峰时间提供了吸引乘客的机会，从而提高公共运输的能力效率。在日本几个车站，这种做法已造成相当大的人流密度、更多的乘客和更加高效的公共交通。从这个方面来看，高铁站区对人流的吸纳在不同的时段都非常明显，在一定的时空范围内对高铁站区以及周边城市空间形态的发展是良性的促进。

综上所述，高铁客运站区对周边城市空间形态的影响有四个方面：①促进周边城市空间的水平拓展；②增加周边城市空间的建筑密度；③提高周边城市空间的城市品质；④梳理整合周边城市空间的结构肌理。图 4-11 中分析了高铁站区与周边城市空间形态良性互动的流程。

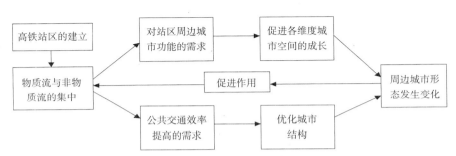

图 4-11 　一定时间维度内高铁站区与周边城市空间形态的良性互动

4.5.3 　站区空间形态的生态性

1. 尊重顺应自然环境

高速铁路重要的特征就是绿色节能、环保高效，这在与其他交通方式的对比中已经得到了充分验证。在高速铁路客运站区，对自然环境的改善存在两方面的原因：①高速铁路站区交通空间转入地下，从客观上给予站区顺应自然环境，环保生态的条件；②高铁站区城市功能多以商业办公为主，兼具休闲娱乐功能，为向城市中心区域靠拢发展，急需提高该区域的城市品质，这从主观上对周边环境质量存在着要求。基于这两方面的原因，高铁站区周边公共空间质量得到了极大的提升。

（1）对既有自然环境的顺势改造

每个城市有不同的气候、地理、水文条件，由于城市形成过程中的历史原因，某些高铁站区在选址时比较靠近河流、湖泊、丘陵山体等特殊的城市内部环境，这就要求高铁站区在空间形态上具有地域性特色。

①建筑空间形态上顺应周边的自然环境，这反映在对当地气候的适应利用，对地理环境的保持呼应等方面。

②积极利用环境优势，进行公共空间建设，比如沿河景观带、公园绿地轴线的建设等。

（2）对周边生态环境的积极营造

有些车站身处闹市，周边自然环境缺乏。由于周边城市功能的要求，需要营造出适合休憩的公共空间。这表现在三个方面：

①高铁车站区的公共广场，由于交通空间转入地下以及周边办公商业等城市功能的要求，更多的由交通通过型向放松休憩型转变。由于功能的转变，广场上绿化与小品也逐渐增多，成为人们放松、会面、休憩的去处。

②在许多高铁站区的总体规划中会有公园等积极绿色空间的出现，这在总体上改善了高铁周边地区的自然环境，提升了该区域的城市品质。

③在某些项目中高铁车站与市内的部分铁轨会被引入地下，可有效地避免噪声以及污染物（小颗粒）对周边环境的破坏。

2. 对周边人文环境的呼应

前文提过，许多高速铁路车站是从原有的老火车站翻新而来。在欧洲大多数的大城市中，火车站和铁路线建造在19世纪快速城市化阶段之前。因此，火车站都建在老城市中心附近。车站附近现存的建筑不仅担负着城市的不同职能，并且是这个城市的历史记忆，由原有建筑组成的城市肌理更是经过日积月累形成的城市发展脉络。高速铁路车站地区作为城市的门户，承担着传递地域信息、表达地域特点的角色，所以高铁站区对城市的人文环境呼应显得格外重要。

（1）建筑形式上的呼应

虽然在高铁车站设计中，现代感与新技术的运用是非常突出的设计因素，但建筑形式上与周边人文环境的呼应对整个城市环境还是非常重要的。意大利建筑学家阿尔多·罗西（Aldo Rossi）认为，一个城市的建筑可以分为"母体"与"标志"两大类，前者是指占城市建筑80%的各类普通建筑群体，后者是指占城市建筑总数20%的"地标性"建筑。城市的面貌是由二者共同决定的。对那些在城市中心区现有火车站的改建，如果车站与周边环境差异过大，会显得比较突兀，无法产生归属感与亲切感。除了在车站改建项目中可利用原有站体本身以外，在新建部分，体量、尺度、装饰性元素都是与周边建筑的呼应手法。

（2）城市肌理上的呼应

齐康教授认为，城市是由街道、建筑物组成的地段和公共绿地等组成的规则或不规则的几何形态。由这些几何形态组成的不同密度、不同形式以及不同材料的建筑形成的质地所产生的城市视觉特征为城市肌理。城市肌理决定了商业区、居住区等区域的纹理、密度和质地。一个区域的肌理一旦形成，由它决定的物质价值、经济价值以及文化价值就很难改变。罗西认为，城市塑造来自生活在城市中人们的集体记忆，这种记忆是由人们对城市中的空间和实体的记忆组成的。这种记忆反过来又影响对未来城市形象的塑造……因为当人们塑造空间时他们总是照自己的心智意向来进行转化，但同时也遵循和接受物质条件的限制。

由此可见城市肌理是由包括城市生态和自然环境条件的自然系统与体现城市历史传统、经济文化、日常生活以及科学技术等方面的人文环境相互融合、长期作用形成的空间特质，是城市自然环境、生活习惯的具体体现，具有一定规模、一定组织规律的人类城市聚居形态。它涉及城市生活的方方面面，亦与城市结构、城市功能及城市形态密切相关。

高铁客运站区在空间形态上与原有城市肌理相呼应，是对原有城市生活与城市地理地貌的尊重与延续，体现了高铁站区作为新的城市中心区对原有城市文脉的继承与发展。

（3）城市功能上的呼应

高铁站区对不同城市职能的发展，不仅是出于促进城市经济发展的考虑，而且具有引入城市原有人文气息的需要。比如具有代表性的城市商业、学校或研究院所、住宅等都可以完善高铁车站区域的城市职能，使其融入城市。荷兰的南荷兰省根据交通研究报告（Provincie Zuid-Holland，2002），分析后认为节点的功能还应包含有住宅功能，并给出如下的几个理由：①住宅功能增加了节点的活力和存活率；②住宅功能和服务设施可将节点引入当地文脉；③节点应提供空间满足日益增长的大都市生活需求；④如果增加了住宅功能，那么节点将发展成为一个更完整的城市部分。可见引入居住功能对于高铁站区人文塑造的重要性。这种功能上的多样化也是出于高铁站区未来成为城市中心、代表城市发展方向的需求。中国建筑学家张钦楠（2009）在谈到城市发展的追求时认为，在 21 世纪，如果不把主要精力用在提高首都的文化品位上，那么难以在世界首都中占有应有的地位。而文化品位就处于那些人们热衷于拆除的文化遗产中。推而广之，如果一个城市要在经济、文化上取得一定的位置，那么必须继承与提高人文底蕴。

4.5.4　站区空间形态的经济性

1. 与城市发展战略相一致

城市的需求与高速铁路对地方发展的作用之间关系密切，在过去几年甚至几十年里，一些城市表现出来的活力正是受益于城市在交通运输网络中的位置，新的车站更有利于执行城市经济与规划方面的发展计划。FELIU（2007）认为，通常在高速铁路到达之前这些计划就已经存在，但因为高额成本、参与者之间缺乏共识使得他们无法进行展开。在这些城市中，高速铁路作为一个诱导、一片火花，照亮了城市的一个全新的历史阶段，由此可见高铁对城市发展的带动作用。

（1）发展位置上的一致

前文中已经谈到高速铁路站区要促进城市发展，需要重点考虑选址位置与空间品质条件等因素，总的来说可以分为以下几个方面：

①高铁站区在与原有城市中心区的距离选择上要适当，避免距离过远对城区商业人口无法产生足够的吸引力；②高速铁路车站与原有城市中心区交通便捷，是该城市乃至该区域公共交通的汇聚处。这样可以有效地聚集物质流与非物质流，增加新区的吸引力与容纳力；③城市规划意图发展明确，城市功能逐步拓展，基础设施品质上乘。

很明显这些都需要事先定位与选择，是对城市整体规划的一种通盘的考虑。城市规划对于当地发展的一个最重要的因素，或更确切地说，如何将当地参与者组织起来实施利用高速铁路的战略计划，以及当地参与者与其他参与者就车站在城市的选址进行互动。如果没有总体规划的预先定位，城市乃至国家政策的倾斜扶持，单凭高铁车站本身是无法引领城市经济发展的。

（2）产业结构调整上的一致

知识溢出（Knowledge Spillover）和创意阶层（Creative Class）正日益成为推动城市服务经济的力量，因此，关于城市定位的概念在城市经济政策中变得越来越重要。知识溢出有多重数量，受到当地与远距离互动的影响。这种重要性火车站地区结合起来，特别是高速铁路客运站地区，为车站地区的发展加入了国际层面的影响和巨大的活力。

许多老工业城市急需产业结构的调整转变，以适应由于目前传统制造业的普遍下降带来的严峻局面。比如荷兰的鹿特丹，这个原本依靠港口著称于世的城市由于机械化和自动化，海港活动对劳动力的依靠变得越来越少。而且由于港口规模的不断扩大，逐渐向远离城市的港湾地区迁移；最新的港口地区，如马斯弗拉克特（Maasvlakte），距内城中心大约30千米。因此，鹿特丹城市和港口的关系在空间上不断变化。虽然制造业和港口对鹿特丹的经济仍然很重要，但即使他们的规模庞大，也不再能够承担鹿特丹的城市经济基础。庞大的投资仍然被注入在港口和其他有利于港口的基础设施上，但是他们创造的就业机会却相对较少。因此，像许多老工业城市，鹿特丹的经济已较少依赖于它的制造业，而开始发展现代服务业为主的经济体系。此外，城市政府现在正专注于吸引高收入群体以及留住本地的中产阶级。高铁车站站区的修建可以提高城市品质,创建优质的办公空间以吸引更多的企业入驻,促进城市产业结构的调整与转变。这也是鹿特丹政府及一些类似城市加入高铁网络的初衷所在。

2. 节省资源集约式发展

城市是对一定地域范围内的物质与非物质的集聚性体现,是人类文明演化产生的场所,同时也是环境污染、生态破坏和社会问题的汇合处。随着大量的乡村人口涌向城市,加之城市本身人口的自然增长,城市规模不断扩大,大城市和特大城市不断涌现,随之而来的就是环境问题、资源问题以及由此引出的社会问题。摆在人们面前的问题是如何更好地利用城市化的益处去消除其负面、消极的影响。为了让城市更好地运作,强调节约资源、生态环保的可持续化城市发展概念就应运而生了。高铁站区对城市可持续发展在两方面做出了贡献:①带动城市土地利用模式的集约式发展;②帮助城市调整和优化现有的产业结构,从根本上协调好经济发展与资源、环境的关系,提高资源配置的整体效益。调整和优化产业结构不仅是建立可持续发展经济体系的根本措施,也是实现可持续发展战略的关键环节和必然选择。

(1)土地利用模式的集约式发展

关于城市土地的集约式利用,有学者(毛蒋兴和闫小培,2005)解释为城市土地利用综合化、多元化和多用途层叠,土地利用密度高,城市布局围绕市中心紧凑集中。高速铁路车站地区周边建筑高度集中,并且向空中与地下的空间发展,是土地集约式利用的典型地区。从更高的层面来说,在同样效率下,高速铁路建设需要的土地就比建设公路需要的土地量小,土地使用效率非常高,这种特点符合城市长期持续发展的需求。我国制定的《中长期铁路网规划(2008 年调整)》,在规划原则中增加了"节约和集约利用土地,充分利用既有资源,保护生态环境"这一项内容,这预示着有关部门对环境和土地资源等方面条件的制约的总体考虑。在这种大的规划基础上,中国高速铁路车站地区坚持走集约化发展道路,避免粗放型增长是十分必要的。

(2)产业结构的升级换代

波尔(Pol,2002,2005)认为,几十年来已经很少或根本没有投资注入许多欧洲的城市火车站地区。随着高速列车的引入以及欧洲高速铁路网络的拓展情况明显发生了变化。欧洲高速铁路网络的发展可以被看作是铁路运输的重生。这不仅意味着改善和重建火车站以及火车站地区,特别是对刺激城市发展有更广泛的影响。一般来说,高铁站区周边办公空间、商业空间会得到充分的增长,房价地价上升,还可以有效地吸纳人口,促进旅游,并带动与之相关的住宅、餐饮酒店业的发展。由于物质流与非物质流的高度集聚，大学以及各种学术的研究院所，企业的研发机构等创意阶层围绕周边，最终形成科技创新产业集聚的"科技极"（technopole）。老旧工业依赖投资规模的扩大和产业的外延扩张，高投资、高消耗、高污染、低效益的状况，这种传统增长方式加剧了经济与社会、人与自然间的矛盾。新兴产业可以让城市在以较小污染、较少土地占用的情况下得到可持续的发展动力。许多旧工业城市积极引入高速铁路，新建或改建高铁站区的目的正是要借此来调整产业结构（如前文提到的鹿特丹），走上相对可持续的发展轨道。

3. 设施使用的高效率

由于高速铁路站区同时具备"交通功能"与"城市功能"两种属性，站区的基础设施也分为交通功能与城市功能两大部分，对设施使用的效率性也需要体现在这两个方面。

（1）交通设施的使用

高铁车站在交通网络中，往往是一个城市乃至一个区域的交通枢纽，是城市中公共交通设施的集中交汇处。在高铁车站实现综合换乘可以实现迅速分流运输使外来入市人群得到及时运输，避免人群拥堵交杂；外来非入市人群的快速分流转运，避免该人群进入站区公共空间；市内外出人群集中分流，避免由于交通功能分离造成的站区混乱。在实现人群迅速分流运输的同时，也就实现了从"等候式"到"通过式"的转变，提高了运输效率。此外，由于功能相对集中，也减少了修建各种候车场站的城市土地支出，有利于城市土地利用集约式发展。

（2）城市功能设施的使用

高速铁路车站区的城市功能是多样化的，这与城市中央商务区（CBD）有明显的不同。在高速铁路客运站区中，广场公园、餐饮服务、娱乐休闲等公共与半公共空间更多的是提供给城市居民使用，保证了设施使用的高效率，同时也增加了高铁站区的活力，为高速铁路在非高峰时段提供潜在的客流。

4.6 本章小结

高速铁路作为能源消耗小、工作效率高、碳排放量少的绿色交通系统理应作为未来低碳化交通模式中重要的区域间交通工具。本章探讨了在高速铁路引导下的城市公共交通系统对整个城市向低碳化城市转变的可能性，从站区空间形态的适应性、站区空间形态的生长弹性、站区空间形态的生态性以及站区空间形态的经济性等四个方面来论述高速铁路站区城市空间形态的合理性。

高速铁路对城市结构能起到优化作用，并促进城市更新，利于更多新技术、新材料、新方法在城市交通领域中的运用。

高速铁路站区是交通网络中的"节点"，同时也是城市的一部分，由于其在交通网络中的位置，在其周围容易形成可达性优势，从而促进高速铁路周边区域城市紧凑度的增加。在以"节点"为发展源的城市结构中，便于形成城市的网络化发展，完成由单中心城市向多中心城市的转变，并逐步由网络城市向城市网络转变。

高速铁路站区集聚了各种城市公共交通方式，对于发展由公共交通引导的城市土地利用模式，减少私人汽车泛滥，阻止城市蔓延有明显的作用。

以上都是高速铁路以及高速铁路站区对于低碳城市发展有利的因素条件，作为未来的发展方向，低碳城市必须以适合的城市结构来从根本上解决城市高能耗、低效率、高排放的难题，高速铁路引领下的城市公共交通系统无疑是优化城市结构的重要解决路径。

高速铁路与城市之间互动频繁，相互影响，相互刺激，这也就造成了高速铁路车站区的城市空间形态具有一定的复杂性与多样性。适应性表现在与城市规模以及城市已有的城市空间形态相适应并且站区要与自身的功能以及周边城市的功能相适应。生长的弹性表现在空间形态的可生长性，它的空间范围并未有具体的限定，是根据时间的不同、具体影响能力的不同来划定的。与周边城市空间形态的良好互动可扩大站区的覆盖范围，扩大空间形态的几何表现。生态性表现在对周边自然环境、人文环境的充分尊重与充分利用，这也是站区可持续发展的重要原因。经济性表现在与城市发展战略的一致性，其土地利用等方面的集约式发展以及设施使用的高效率。

第5章 现阶段我国高铁站点地区空间优化的规划思路和规划策略探讨

5.1 高铁站区空间优化规划思路

5.1.1 加强城市规划与铁路规划之间的关系协调

城市规划与铁路规划深刻地影响着城市未来交通与土地利用的关系，实现铁路规划与城市规划一体化编制，两个规划互为依托，同时进行，相互反馈，在不同规划层次上取得密切的配合与协调，从而达到未来城市土地利用与铁路交通系统的相互协调。

城市规划与铁路规划一体化编制从不同规划规模层次上讲都有其可行性，有利于城市土地利用的集约化管理：①从区域规划的角度出发，保证城市对外交通系统布局的合理性，对相邻城市土地利用的相互衔接将起到重要作用；②从城市的角度出发，这两种规划紧密结合，使得城市内部的路网构架、主次干道、用地功能布局等不致相互脱节，甚至产生矛盾，促进城市内部交通系统的优化整合；③在实施分区规划和详细规划时，与铁路运输与城市土地利用可以相互反馈，相互协调；④在规划实施和管理上，能及时沟通，综合处理发现的矛盾与问题。

此外，如若实现城市规划与铁路规划一体化编制，铁路车站区域内的开发会在规划实施、协调管理等方面得到加强与改善，为整合铁路车站区域内土地资源，加强土地利用强度，吸引外来资金流入，接纳更多的客流提供了条件。这种将建设与投资融为一体的开发模式，在西方国家的高速铁路车站新建或重建当中起到了重要的作用，为当地城市的再发展提供了动力与发展源。美国城市土地协会认为，"联合开发"这种将房地产开发同交通设施建设结合起来的模式是当今轨道枢纽站（包括城市地铁站）建设应该积极倡导的运作方式。这种双赢的开发方式是对车站及周边地区的综合开发，是集建设与投资一体的有效模式，也是打破现行的"条块分割"建设模式的有益途径。

5.1.2　评估设站城市在区域层级中的定位和分工

高铁站带来的城市功能发展，和城市化进程的不同阶段有直接关系，不一定直接源于客流。而国外高铁站周边的发展模式也不能直接照搬到我国的所有城市。对于我国大部分城市而言，高铁站周边的功能聚集要结合城市社会经济的发展阶段，考虑设站城市在区域层级中的地位和分工。首位度高、能级较高的城市或者城市群中的中心城市和战略支点城市、次中心城市，自身商务客流和旅游客流较大，随之产生的高铁经济，高铁新城的发展状况就比较好。例如上海作为国际型大城市，第三产业和服务功能是其发展重点，虹桥交通枢纽周边布局的商业和办公业态和上海这座城市的发展定位十分契合；但是如果对于一个工业化还没有完成的三线城市来说，商务职能较低、商务和换乘都要辗转中心城区，高铁站点对高铁新城的带动作用相对微弱，高铁站点周边布局大量的商业功能就需要考虑设站城市可否支撑其发展。

在城镇群中例如长三角地区，其未来的城市格局可能会倾向专业化的分层化发展：区域中心城市上海会专注于国际金融等服务业的发展，周边的城市如无锡、宁波和常州等会专注于第二产业，因为这些城市高铁站点周边的功能应该会和虹桥站点周边功能有所区分，错位发展，周围不会形成大规模的金融商务办公业态。此外，位于特大城市周边 30 分钟的小城市在房价远低于特大城市房价的实际状况下，这类设站城市如果考虑站点周边功能定位为特大城市的郊区住宅区就可能会十分成功。[①]

5.1.3　多元化、差异化的空间发展思路

在新型城镇化快速发展和高铁建设加快的时代背景下，城市群的空间组织模式已经从传统的"中心腹地"转向"枢纽网络"的模式。以往的空间结构更突出层级的概念，次中心和中心连接，相似层级之间缺乏紧密的互动，节点城市可能会因为线路断裂被孤立。但是高铁时代下的空间组织模式意味着即使规模较小、位置偏僻的县城或小城镇也会有平等的机会参与区域的交流和合作，主要取决于城市在高铁网络中的地位和节点的连通度、便捷性。在这种情况下，枢纽之间的竞争会更激烈，因此各节点城市应该坚持适度多元化、差异化、特色化的发展思路。尤其是对小城镇和县域节点而言，这样才可以避免同质化。高铁等高效率的交通方式会成为各城市竞争的优势资源，高铁和机场紧密衔接组合而成的综合交通枢纽也将强化城市在区域中的枢纽地位，支撑城市在交通网络中地位的提升。[②]

---

① 搜狐网 . 王昊：中国高铁的最后一公里：交通枢纽规划如何影响城市格局和居民生活方式？ [EB/OL].http: //www.sohu. com/a/201216422_2818352017.

② 搜狐网 . 戴继峰：从"中心 - 腹地"到"枢纽 - 网络"——新型城镇化背景下城市与交通发展的思考 [EB/OL]. http: //www.sohu.com/a/211936494_611316.

5.1.4   协调站区与既有城市空间关系

高铁站区规划是一个系统规划，需要考虑站区和城市空间的相互作用，从城市空间系统构成的整体角度，根据不同空间结构的城市、空间形态的多样化特征和差异化需求，才能制定具有针对性的站区规划策略，解决现阶段站区发展进程中出现的实际城市问题。

站点地区与设站城市之间存在紧密的牵制和影响关系。在规划布局时应充分考虑两者之间的相互作用和协调，这样才能更好地发挥高铁对城市的带动效应。站点地区规划布局的协调性主要体现在两个方面：一是站区与城市空间拓展方向的对应，使站点地区的发展可以依赖原有城市的辐射和带动；二是与城市中心功能的协调。传统的交通枢纽规划尤其是铁路枢纽，往往从工程建设的角度考虑较多，在城市功能协调发展方面考虑不足，但是客运交通枢纽是为人服务的，和城市结构和功能的关系十分密切，枢纽的功能定位需要考虑它为谁服务。当一个设站城市规模不断扩大，处于形成多中心城市格局的发展阶段时，枢纽和城市功能需要形成很好的贴合，交通枢纽需要承担分散以及和新城、老城的不同功能中心发生关系。当然，枢纽和城市功能的耦合需要建立在枢纽合理的规模等级基础之上，而目前我国的高铁枢纽建设却以"亚洲最大"、"世界第一位"为开发总体目标。一方面，巨大规模的交通枢纽不方便使用，另一方面所有的公共服务设施在一定的规模和服务范围内之间需要有平衡。①

高速铁路站区由于具有运输功能与城市功能两方面的价值，这两种功能之间又存在着紧密的互动关系，因此协调高速铁路车站站区内的土地利用关系，是促进高速铁路车站发展以致带动其所在城市经济、社会发展的必要手段。

5.1.5   提升站点周边地区公共交通的可达性

建立多种方式的联合运输系统，提升各类交通的可达性和垂直换乘水平可以促进客流滞留和聚集，产生商业和餐饮等服务设施，根据客流的特征，因势利导，相继衍生商务等业态，从而产生高铁经济。多种方式的联合运输水平越高，吸引人流的能级就越强，产生经济的能力会越强。在站点地区交通接驳较弱的情况下，即使城市具有一定的能级，也很难产生经济作用。高速铁路客运站为核心对 TOD 用地模式的引导是出于高速铁路车站对城市公共交通的推动与整合作用出发的，这种作用也是出于高速

---

① 搜狐网.王昊：中国高铁的最后一公里：交通枢纽规划如何影响城市格局和居民生活方式？[EB/OL].http://www.sohu.com/a/201216422_2818352017.

铁路车站地区自身的发展需要。

　　首先是出于对自身影响半径与辐射范围的拓展，因为在交通网络中潜在的运输品质和空间结构决定了节点区域的范围。这是由于网络影响半径是由从节点区域达到的实际运输节点所需要的时间决定的。从这方面讲，地理距离并不决定节点区域的大小。一个良好的运输系统，例如公共汽车网络或一个组织有效的泊车转乘中心或者自行车道路系统，可能意味着即使距离实际运输节点有一定的距离，但是仍然在它的影响范围内。

　　不同级别节点的规模，以及其影响区域的范围都有所不同。其中，节点"节点功能"的规模层级和"场所功能"的规模层级都是决定其节点级别的决定性因素，节点有效的基础设置和运输系统以及它们所服务的范围层级决定了该节点在交通运输网络中的节点级别。在整个公共交通系统中，这些不同级别的节点可以清楚地归于一定的规模层级。据此，Govers 等人（1999）认为，加强公共交通结构的地位，进行空间和基础设施的综合长期规划是非常必要的。

　　作为城市对外交通的起止点，高速铁路承担了区域内部，国家内部甚至国际交通联系任务，在整个交通运输网络中，是高级别的节点。这也就意味着如果高速铁路车站需要扩大自身的影响半径，就必须依靠城市公共交通网络的覆盖程度与运转效率。

　　其次，城市公共交通系统可为高速铁路系统带来充盈的客流。这是由于公共交通系统的运转比起私人交通的无序状态，可以有序且较为高效地将乘客送往（接出）高速铁路车站。

　　事实也已证明，假如仅将高速铁路引入城市，高速铁路车站没有与之连接有效的城市公共交通系统，那么该车站就不能吸引足够的乘客前来，该车站地区的经济、社会发展也会与预期不符乃至出现停滞。

5.1.6　站点周边土地的混合利用

　　车站周边土地的混合利用，对提高城市土地利用的密集度，减少区域内交通出行，增加以步行、自行车、公共交通等交通方式的出行概率都有明显的作用。美国加利福尼亚州相关规划部门就加利福尼亚 5 个地区购物中心邻近地块混合利用情况，以及其对出行方式与出行量的影响进行分析后得出的结论是：土地混合利用可降低 5% ~ 7%的出行量（邵德华，2002）。美国的交通规划学者塞维罗（Cervero）对 57 个活动中心的分析发现，部分工作、居住同在一地的郊区中心与没有这一特点的中心相比，采用步行、自行车、公共交通方式的比例要高出 3% ~ 5%。汉德（Handy，1992）综合了有关研究，认为：①随着土地利用密度增高，人均出行次数减少，但出行速度降低有可能引起出行长度的增加；②研究表明在一定地区的土地利用混合度与该地区的出行类型之间存在联系。

由于高速铁路车站作为高速铁路交通网络中的节点，同时具有运输功能与城市功能，两种功能相互促进，互相影响。据此，贝尔托里尼（Bertolini，1996，1999）认为，目前研究文献的观点与决策者的普遍看法是节点发展的重点应该是用节点的功能价值来平衡其运输价值。这是由于这两种功能被认为是相辅相成的。如果该区域有良好的可达性，将吸引企业、设施和家庭进入。反之，高层级的功能价值产生了大量的交通运输，从而支持了运输系统的发展（AVV，2000a，2000b）。未来城市结构发展是否能满足高铁车站对客流的吸纳，对高铁站区城市功能与交通功能的完善发展有很大的影响，因此促进高速铁路车站周边城市功能的多样化是对高速铁路车站运输功能的极大补充与促进，同时高速铁路强大的运输功能也将大量吸引相关的城市功能。

同时，站区周边的城市功能之间存在着互补性，这种互补性将完善高速铁路站区的城市功能，使之真正成为城市的中心区。詹森等人（Janssen & Braun，2005）对节点附近的城市功能做出了研究，认为节点的城市功能所处位置彼此互补接近是非常重要的。这种互补性原则意味着，混合的城市功能（住宅、工作场所、商店、餐馆、公共设施等）都集中在一个节点并相互提供价值补充：此处不仅是工作场所，而且也是儿童日托综合中心、超市、健身中心及购物设施。这个方法的核心是人们应该能够在一个行程链进行不同的活动。通过认真规划集中混合功能，可能会增加这一区域的认同性，吸引周边区域人群的迁入。这样一来，高铁使用者中的一部分人群居住趋于集中在车站附近，方便进出高铁车站人群的集聚与分散。

应该看到的是，高速铁路车站周边的土地混合利用的完善程度是与高速铁路站区一体化综合性的开发关系密切相关，互为依托的，二者存在着相互需要，互为因果的关系。

5.2　站城关系视角下的高铁站点地区空间应对策略

由于城市对各类要素的集聚与调配能力存在较大差距，大城市与特大城市可以在短时间内吸引并投入大量的资源，完善高铁站区及其周边的基础设施并按照开发的意愿来新建大批办公、居住及其他功能空间，使高铁站区在规模上迅速完成生长，从而可以顺利地完成高铁站区与既有城市空间在形态上的连接。但本研究中站区所在的城市能级不高，这类城市显然无法在短时间内支撑站区的快速生长，而且在一定范围内也无能力进行开发后的二次更新。如何能在相对较短的时间内完成既有城市空间与站区有效地融合发展，使城市的空间结构得到有效的梳理与优化，积极应对未来高铁沿线设站城市之间的竞争，应注意以下几方面。

5.2.1　基础设施的完善与预留

基础设施是站区与既有城市空间联系的基础，应该按照一个长期规划来指导建设，不能因为一时的"应急"而马虎应付，尽力避免二次开挖等问题。首先是与既有城市空间的联系一定要及时并全方位"打通"，其中包含道路网络的接驳、各种市政管线的连接及各种公共交通方式的联系等，这对于在站区圈层空间内发展处于劣势的区块尤为重要；其次是必须充分考虑站区地下空间的开发与利用，地下空间可以解决静态交通及各类交通方式的快速换乘，避免地面交通流线的交织与停车混乱，同时可以提供宝贵的地面空间来安排其他相应的功能开发，预防未来站区发育成熟后的二次开发；最后对于站点距既有城市空间较近的站区需要对城市未来可能出现的轻轨与地铁进行提前研究评估，预留好相应的站位与路由，以免将来和开发成熟的地块产生冲突。

5.2.2　"弹性"的站区空间规划

城市能级较低的高铁站区发展需要较长的过程。许多站区为了"景观"盲目地新建办公空间，为了拆迁进行原地安置，为了出让地块而发展大量的居住空间，这样的"冒进、妥协与短视"均会对站区的发展带来不确定的影响，造成不必要的二次更新。在此过程中应充分研究站区的功能组成并合理安排相应的功能，在用地功能复合化的基础上加大控规的弹性比如预留一些相应的地块暂不开发进行"留白"，未来可根据站区的不同需求建设公共基础设施、办公、居住甚至绿地等灵活的空间，使整个站区功能更完善，同时避免来回拆建。

5.2.3　协调站区与既有城市中心的关系

对建设相对完善的高铁站区而言，其周边的基础设施、空间品质等方面优于城市建成区，在与既有城区的竞争中会处于优势地位。如果设站城市能级不高，该城市很难吸纳外迁的商业，这就难免会造成商业空间从即有城市中心向高铁站区的转移。因此，部分商业从原有城市中心抽离，造成原有城市中心区在城市范围内的重要性下跌。面对这种情况，如果围绕高铁站区来塑造新的城市中心区，就需要评估现有的城市能力能否支撑两处城市中心的发展；如果高铁站区的发展仅仅是要强化原有城市中心，就必须考虑站区与即有城市中心在功能方面的相互补充。

5.3   不同形态关系类型站区的空间发展思路

针对当前高铁站区空间规划实践环节中所存在的问题，以在相对较短的时间内促成既有城市空间与站区的有效融合发展、设站城市的空间结构得到有效的梳理与优化、积极应对未来高铁沿线设站城市之间的竞争为目标导向。结合不同形态关系类型的站区提出相应的空间优化方法和规划应对的针对性策略。分离型站区中的交通节点功能远大于其他城市功能，嵌入型站区中其他城市功能已经显现但并不充分，这两种类型的站区需要完善基础设施并按照合理的时序发展城市其他功能、使站区可以快速的发展并实现形态上的变化。融合型、联合型站区与城市空间结合较紧密，功能种类齐全，虽然在形态上已实现融合，但仍需要对站区内部的功能空间进行梳理并加以强化。对不同类型的站区如何加快发展，优化站区空间结构，本研究提出站区空间应对的规划思路。

5.3.1   融合型站区

出于对建设成本与建设周期的考虑，开发进度较快的多数融合型站区在建设后期将会面临建设用地紧张的问题。由于大多数站区的地下空间开发规划滞后，并未结合站区地面开发建设对地下空间进行整体的开发利用，这不仅造成了现阶段地面交通的混乱，也会带来站区相对发展成熟后的困扰，此时开挖的成本会更高。因此在站区开发建设的初期就需要充分考虑站区地下空间的开发与利用，预防未来站区发育成熟后的二次开发，同时需要做好弹性规划避免过度建设和空间发展不足的情况发生。

由于高铁站区发展的初始阶段需要原有城市的带动，这就造成了站区背离和朝向城市建成区方向的两部分区域开发进度悬殊较大，因此在发展到一定阶段后需要通过站房建设、市政基础设施延伸等方式引导站区跨高铁线路开发、提升处于劣势的站区区域周边建设条件以解决站点周边地区发展不均衡、站区背面空间空心化的现象。

5.3.2   嵌入型站区

本次研究涉及的两座嵌入型站区（漯河西站和驻马店东站）均面临高速铁路和河

流的带状隔离，造成站区和城市建成区联系不便。通过实地调研和历年站区空间的影像资料可以发现虽然站区的基础设施铺设很快，围绕车站也建立起较成熟的路网系统，但由于站区三面均存在着大尺度的隔离，导致空间开发进度较缓，且空间拓展方向从既有城区向站点延伸存在困难。对于此类情况解决好跨越隔离与既有城市融合是首要问题：①对站区周边穿越城市的高速公路、国道等区域交通线路城市段进行改道或改造，避免穿越性交通扰乱正常的城市内部流动，进而加强站区与城市之间的融入度；②对穿越站区的河流，需要从交通上与既有城市进行系统连接，不仅在道路上，更在交通内容和形式上，引入大运量的公共交通，条件允许的城市要在第一时间引入地铁和轻轨，对于河岸两侧，需要对整个站区的功能进行系统的考虑后进行布局，充分地进行利用。

5.3.3　分离型站区

分离型的站区在功能上的表现，交通功能远远大于其他城市功能，在空间上的表现为与城市分离的"点"。对于此类站区的功能丰富与空间拓展，应关注以下几个方面：①在与城市的连接上，应满足站点与城市建成区空间的联系畅通，根据不同站区的自身建设条件，确保交通基础设施、公共交通等输送的便利性；②在功能的组成上，需要考虑站区功能的多样性以及未来与既有城市中心在功能方面的互补，每个站区的功能布局、功能组成应凸显自身特点而不是仅仅作为对外展示的"窗口"；③在对站点周边现有空间的处理上，重点是要处理好站区周边的城中村等已有的建设区域。城中村环绕站点不仅导致站城分离，同时也影响站区空间的充分利用。应该充分协调站点与周边村庄关系，平衡村民的意愿与合理的规划车站周边用地之间的问题。不能简单地就近安置，这样会导致土地的价值无法体现其区位的优势、土地的使用功能也无法达到最佳、村民安置用房的建筑形式和建筑材料都会与高铁站区展示的目标存在差距，在站区发展到一定阶段后，不可避免地造成功能的演替以及空间上的"二次更新"。

5.4　本章小结

高速铁路车站的布局与其所在城市的层级规模关系密不可分，一个城市的地理环境、经济发展、人文历史、未来发展均可对高速铁路车站的布局造成重要的影响。目前关于高铁站区的研究缺乏与既有城市空间关系方面的探索，且缺乏两者之间关系的数字化分析方法和定量研究，高铁站点地区空间规划因缺乏智慧技术平台的量化评价作参照而不够直观、系统和全面。以构建设站城市与站点空间关系为基础的总体思路，将传统的空间形态关系借助信息技术和空间研究模型进行量化，充分研究各空间要素建设的路径以及具体的建设步骤和规划方法，对当前实现高铁站点地区空间优化具有普遍的指导意义和参考价值，为现阶段站区空间规划存在的现实问题提出针对性的策略。

　　针对当前高铁站区空间规划实践环节中所存在的问题，以在相对较短的时间内促成既有城市空间与站区的有效融合发展、设站城市的空间结构得到有效的梳理与优化、积极应对未来高铁沿线设站城市之间的竞争为目标导向。结合不同形态关系类型的站区提出相应的空间优化方法和规划应对的针对性策略。分离型站区中的交通节点功能远大于其他城市功能，嵌入型站区中其他城市功能已经显现但并不充分，这两种类型的站区需要完善基础设施并按照合理的时序发展城市其他功能、使站区可以快速地发展并实现形态上的变化。融合型、联合型站区与城市空间结合较紧密，功能种类齐全，虽然在形态上已实现融合，但仍需要对站区内部的功能空间进行梳理并加以强化。对不同类型的站区如何加快发展，优化站区空间结构，本研究从基础设施的完善与预留、"弹性"的站区空间规划以及协调站区与既有城市中心的关系三个层面提出站区空间应对的规划策略。

第6章 结论与展望

随着高铁网络在我国大范围地全部铺开，高铁站点地区空间在国内的研究也不断兴起，研究成果同时相继诞生。此次研究以京广高铁和郑西高铁客运专线河南境内的14座典型城市车站站点周边地区为研究样本进行分析，并从城市层级、站点与既有城市联系以及站点自身三个层面深入探究了影响高铁站点地区空间开发特征的影响因素；探讨了高速铁路对低碳城市的形成作用以及合理的站区空间形态；针对现阶段我国高铁站站点地区开发建设中的现实问题，结合不同的站城空间形态关系类型，提出空间应对的策略和规划的总体思路。

通过此次研究，发现了高铁枢纽站区空间形态形成与发展存在以下规律：首先，高铁站区在引导城市空间结构的调整和重构的同时也受到城市空间结构调整和重构的带动，使高铁站区功能不断完善；其次，选址位于城市边缘的站区在运行初期由于自身发展不完善，其作为带动城市发展的源头能力较弱，站区空间增长仍依赖由既有城区向高铁站区辐射，并最终在相互作用的刺激下站区与既有城区的空间关系由"分离"发展到"融合"；再次，由于站区与既有城市空间之间存在相互作用，站区正面发展区域内的开发强度与地块和站点的距离呈正比，靠近站点的空间开发强度较高。而在站区过渡区与背面发展区的开发强度规律并不明显，其空间形态也由正面发展区逐步向背面延续，但其开发进度与基础设施的延伸有直接关系；最后，站区功能的复合化远比单一的交通功能更易营造积极的站区空间。

两位笔者自2009年开始关注高铁站点周边地区的规划和开发，但是由于高铁在我国运行周期较短，一些站区空间开发的明显特征和高铁效应可能需要更长的时间周期才可以验证。首先，大部分站区虽然面临距离既有城区较远的问题，站区发展缓慢，但是其周边建设条件不存在太大的干扰，并且车站"背面"是已经在开发的区域，只要妥善解决好与既有城区的交通联系问题，在未来经过一段时间周期的发展极有可能成为与既有城区"互动"良好的"融合"型站区。其次，本次研究仅依据建设斑块的增长对站区空间演化规律以及站城空间形态关系进行量化，而并未就开发强度、功能布局、使用评价和交通布局等性能进行综合分析研究，所以无法对站区的开发质量与开发潜力做出恰当的评估，针对站房内部空间的微观层面的研究仍需要深入。再次，虽然部分站区开发建设进度较快，但是也存在着很多隐患，如大部分高铁站区在规划建设之初就没有积极利用地下空间，出于建设成本与开发进度的考虑，将本可以作为地下交通组织空间的站前区仅仅做了标志性的站前广场，这不仅造成了现阶段地面交通的混乱，也会造成将来站区相对发展成熟后的困扰，随后开挖的成本会更高，虽然站城关系实现了表象的融合，但是功能布局缺乏合理的规划，空间品质和人气较低。最后，就是某些站区面临的城中村拆迁安置问题，如若就地安置，那么站区就会面临土地资源紧缺以及二次更新的问题。还有关键的一点是站区的空间布局，每个城市的功能组成应该彰显城市自身特色，协调好与周边城市的功能关系，而不是千篇一律地仅仅作为城市对外展示形象的枢纽"窗口"。

随着高铁网络的扩大和运行周期的深入，笔者会继续对此次未涉及的相关领域（如站区的开发质量与开发潜力）进行更深入的分析和评估，也会将实证研究继续扩大到我国更宽更广的层面，期望探索到更为客观的站点周边地区空间发展状况。希望这些研究会为城市规划工作者和交通部门引导高铁枢纽站点地区的合理规划提供理论参考和开发依据，对日后的高铁站区建设起到积极的引导作用。

参考文献

[1] 王缉宪，林辰辉.高速铁路对城市空间演变的影响：基于中国特征的分析思路 [J]. 国际城市规划，2011（1）：16-23.

[2] 王兰.高速铁路对城市空间影响的研究框架及实证 [J]. 规划师，2011（7）：13-19.

[3] 李传成.高铁新区规划理论与实践 [M]. 北京：中国建筑工业出版社，2012.

[4] 林辰辉.我国高铁枢纽站区开发的影响因素与功能类型研究 [D]. 北京：中国城市规划设计研究院，2011.

[5] 曹阳.基于高铁站区影响的城市空间研究 [J]. 郑州大学学报工学版，2017，38（2）：21-25.

[6] 李松涛.高铁客运站站区空间形态研究 [D]. 天津：天津大学，2010.

[7] 林辰辉.我国高铁枢纽站区开发的影响因素研究 [J]. 国际城市规划，2011，26（6）：72-77.

[8] 肖扬.道路网络结构对住宅价格的影响机制：基于"经典"拓扑的空间句法，以南京为例 [J]. 城市发展研究，2015，22（9）：7-11.

[9] 李松涛.高铁客运站站区空间形态研究 [D]. 天津：天津大学，2010：105-108.

[10] 魏书祥.城市轨道交通站点影响域界定的若干关键问题 [J]. 西部人居环境学刊，2015，30（06）：75-79.

[11] 索超，张浩.高铁站点周边商务空间的影响因素与发展建议——基于沪宁沿线 POI 数据的实证 [J]. 城市规划，2015，39（7）：43-49.

[12] 朱嘉伊，汤西子，吴昊，等.土地利用视域下的轨道交通换乘问题解析及策略研究：以杭州轨道交通一号线为例 [J]. 西部人居环境学刊，2015，30（03）：86-91.

[13] 任艳敏，唐秀美，潘瑜春，等.高速公路对沿线土地利用的扰动影响评价：以京承高速公路二期为例 [J]. 地域开发与研究，2017，36（2）：113-117.

[14] 曹阳.基于高铁站区影响的城市空间研究 [J]. 郑州大学学报工学版，2017，38（2）：21-24.

[15] 王振坡，游斌，王丽艳.基于精明增长的城市新区空间结构优化研究 [J]. 地域研究与开发，2014，33（4）：90-94.

[16] 刘玉，吴丹，潘瑜春，等.中国线性工程沿线区域土地整治技术的研究进展与展望 [J]. 地域开发与研究，2014，33（1）：83-87.

[17] 周伟，姜采良. 城市交通枢纽旅客换乘问题研究 [J]. 交通运输系统工程与信息，2005（5）：23-30.

[18] 吴念祖. 虹桥综合枢纽旅客联运研究 [M]. 上海：上海科技出版社，2010.

[19] 孙翔，田银生. 日韩高速铁路客运站建设特点及其借鉴 [J]. 规划师，2010（1）：82-84.

[20] 郑德高，杜宝东. 求节点交通价值与城市功能价值的平衡：探讨国内外高铁车站与机场等交通枢纽地区发展的理论与实践 [J]. 国际城市规划，2007（1）：72-76.

[21] 王晶. 基于"绿色换乘"的高铁枢纽交通接驳规划理论研究 [D]. 天津：天津大学，2011.

[22] 王晶，曾坚. 高铁客站与城市公交的一体化衔接模式 [J]. 城市规划学刊，2010（6）：68-71.

[23] 邱丽丽，顾宝南，国外典型综合交通枢纽布局设计实例剖析 [J]. 城市轨道交通研究，2006（3）：54.

[24] 曹阳，李松涛. 高铁站区空间形态变化及其应对策略：基于京广客运专线河南省境内高铁站区的实证 [J]. 规划师，2017（12）：80-86.

[25] 王兰. 高铁新城规划与开发研究 [M]. 上海：同济大学出版社，2016.

[26] 王列辉，夏伟，宁越敏. 中国高铁城市分布格局非均衡性分析：基于与普通铁路对比的视角 [J]. 城市发展研究，2017，7（24）：68-77.

[27] 王刚，冯海波，杨毅，等. 高铁时代贵州的空间对策 [J]. 城市发展研究，2016，12（23）：78-83.

[28] 姚涵，柳泽，刘晓忱. 高速铁路影响下城市空间发展的特征、机制与典型模式：以京沪高速高铁为例 [J]. 华中建筑，2015，17（5）：7-13.

[29] （美）科斯托夫，著. 城市的形成：历史进程中的城市模式和城市意义 [M]. 单皓，译. 北京：中国建筑工业出版社，2005.

[30] （英）朱利安·罗斯，编著. 火车站：规划、设计和管理 [M]. 铁道部第四勘察设计院，译. 北京：中国建筑工业出版社，2007.

[31] 蔡林海. 低碳经济：绿色革命与全球创新竞争大格局 [M]. 北京：经济科学出版社，2009.

[32] 陈秀山，张可云. 区域经济理论 [M]. 北京：商务印书馆，2003.

[33] 陈修颖. 区域空间结构重组：利于与实例研究 [M]. 南京：东南大学出版社，2005.

[34] 曹振熙. 客运站建设技术与设计：汽车站、火车站、港口客运站 [M]. 西安：陕西科技出版社，1993.

[35] 柴彦威，等. 中国城市的时空间结构 [M]. 北京：北京大学出版社，2002.

[36] 段进. 城市空间发展论 [M]. 南京：江苏科学技术出版社，1999.

[37] 董鉴泓，主编. 中国城市建设史 [M]. 北京：中国建筑工业出版社，2004.

[38] 冯正民，林桢家. 都市及区域分析方法 [M]. 新竹：建都文化实业有限公司，2000.

[39] 顾朝林. 城市社会学 [M]. 南京：东南大学出版社，2002.

[40] 顾朝林，甄峰，张京祥. 集聚与扩散—城市空间结构新论 [M]. 南京：东南大学出版社，2001.

[41] 顾朝林，谭纵波，韩春强等. 气候变化与低碳城市规划 [M]. 南京：东南大学出版社，2009.

[42]　顾朝林.城市社会学 [M].南京：东南大学出版社，2002.

[43]　国家统计局城市社会经济调查司.中国城市统计年鉴 2008[M].北京：中国统计出版社，2008.

[44]　胡俊.中国城市：模式与演进 [M].北京：中国建筑工业出版社，1995.

[45]　胡序威，等.中国沿海城镇密集地区空间集聚与扩散研究 [M].北京：科学出版社，2000.

[46]　江曼琦.城市空间结构优化的经济分析 [M].北京：人民出版社，2001.

[47]　孔祥安.TGV：法国高速铁路 [M].成都：西南交通大学出版社，1997.

[48]　陆大道.论及区域研究方法 [M].北京：科学出版社，1988.

[49]　陆化普，陈宏峰，袁虹，等.综合交通枢纽规划—基础理论与温州的规划实践 [M].北京：人民
交通出版社，2001.

[50]　陆化普.城市轨道交通规划的研究与实践 [M].北京：中国水利水电出版社，2001.

[51]　陆化普，等.中国中心城市可持续交通发展年度报告 [M].北京：人民交通出版社，2007.

[52]　廖世璋.都市设计应用理论与设计原理 [M].台北：詹士书局，2000.

[53]　李向国.高速铁路技术 [M].北京：中国铁道出版社，2008.

[54]　刘灿齐.现代交通规划学 [M].北京：人民交通出版社，2001.

[55]　刘其斌，马桂贞.铁路车站及枢纽 [M].北京：中国铁道出版社，1997.

[56]　齐康，主编.城市环境规划设计与方法 [M].中国建筑工业出版社，1997.

[57]　许学强，周一星.城市地理学 [M].北京：高等教育出版社，2004.

[58]　曾坚.当代世界先锋建筑的设计观念—变异软化背景启迪 [M].天津：天津大学出版社，1995.

[59]　张鸿雁.城市·空间·人际：中外城市社会发展比较新论 [M].南京：东南大学出版社，2003.

[60]　邹德慈.城市规划导论 [M].北京：中国建筑工业出版社，2002.

[61]　张伟，顾朝林.城市与区域规划模型系统 [M].南京：东南大学出版社，2000.

[62]　张京祥.城镇群体空间组合 [M].南京：东南大学出版社，2000.

[63]　张京祥.西方城市规划思想史纲 [M].南京：东南大学出版社，2005.

[64]　张文尝.城市铁路规划 [M].北京：中国建筑工业出版社，1982.

[65]　张志荣.都市捷运发展与应用 [M].天津：天津大学出版社，2002.

[66]　中国科学院可持续发展战略研究组.2009 中国可持续发展战略报告 [M].北京：科学出版社，2009.

[67]　周俭，张恺.在城市上建造城市 [M].北京：中国建筑工业出版社，2003.

[68]　周进.城市公共空间建设的规划控制与指引：塑造高品质城市公共空间的研究 [M].北京：中国
建筑工业出版社，2005.

[69]　武进.中国城市形态：结构、特征及其演变 [M].南京：江苏科学技术出版社，1990.

[70]　王建国，编著.现代城市设计理论和方法 [M].南京：东南大学出版社，1997.

[71] 王旭.美国城市发展模式:从城市化到大都市化 [M].北京:清华大学出版社,2006.

[72] 王炜,等.城市交通系统可持续发展理论体系研究 [M].北京:科学出版社,2004.

[73] 邬建国.景观生态学—格局、过程、尺度与等级 [M].北京:高等教育出版社,2003.

[74] 柴原尚希,加藤博和.地域間高速交通機関整備の地球環境負荷からみた優位性評価手 (Evaluating a Superior Mode in Inter-regional Transport System by Considering Global Environmental Impacts) [J].第 37 回土木計画学研究発表会投稿原稿,2008.

[75] 横浜市都市計画局都市企画部企画調査科資料 [R].横浜,1999.

[76] 上海市政设计研究总院.虹桥综合交通枢纽总体设计及近期建设计划介绍 [R].2007.

[77] 上海市建设和交通委员会.上海市城市综合交通规划研究所.虹桥综合交通枢纽系列规划:虹桥综合交通枢纽总体交通组织规划 [R].2007.

[78] 上海现代集团华东设计研究院.上海虹桥综合交通枢纽:建筑设计简介 [R].2007.

[79] 中华人民共和国铁道部.GB 50091-99 铁路车站及枢纽设计规范 [S].北京:中国标准出版社,2006-06.

[80] 陈大伟.大城市对外客运枢纽规划与设计理论研究 [D].南京:东南大学,2006.

[81] 陈磊.呼和浩特公路主枢纽客运站布局规划研究 [D].成都:西南交通大学,2007.

[82] 陈蓁.以北京西站为例的大型铁路客运站发展研究 [D].北京:北京工业大学,2007.

[83] 何俊信.高铁车站特定区对邻近地区人口迁移之影响研究:以桃园车站特定区为例 [D].新竹:国立交通大学,2004.

[84] 黄麟淇.台湾高速铁路系统对地方发展之影响分析 [D].新竹:国立交通大学,2004.

[85] 赖晓燕.高速铁路与既有线衔接下客运站布局及联络线设置研究 [D].成都:西南交通大学,2009.

[86] 李锐.以铁路客运站为主的城市交通枢纽换乘研究 [D].北京:北京交通大学,2008.

[87] 李艳松.公路客运站场的选址研究 [D].大连:大连海事大学,2007.

[88] 刘动.城市铁路旅客站站前广场空间环境复合性研究 [D].长沙:湖南大学,2004.

[89] 方亚玲.客运专线引入下成都铁路枢纽客运站布局规划研究 [D].成都:西南交通大学,2009.

[90] 冯凌.融合街道空间的建筑界面研究 [D].重庆:重庆大学,2008.

[91] 郭垂江.高速铁路引入既有枢纽条件下客运站布置 [D].成都:西南交通大学,2008.

[92] 孟宪军.大连市公路客运站布局规划研究 [D].大连:大连海事学院,2005.

[93] 宋英杰.CBD 的商业集聚与活力 [D].北京:首都经济贸易大学,2004.

[94] 孙华强.适应家用小汽车发展趋势的城市交通政策 [D].南京:东南大学,2003.

[95] 孙乾.我国高速铁路客站设计浅析 [D].成都:西南交通大学,2004.

[96] 同晓文.小城市公路客运站场总体布局规划研究 [D].西安:长安大学,2007.

[97]　王春才. 城市交通与城市空间演化相互作用机制研究 [D]. 北京：北京交通大学，2007.

[98]　王劲恺. 城市公共交通系统与土地利用一体化研究 [D]. 西安：长安大学，2004.

[99]　王磊. 客站综合体—谈大型城市铁路客站设计的发展方向 [D]. 成都：西南交通大学，2004.

[100]　王望. 探索我国大型铁路旅客站站前集散空间的建设模式 [D]. 成都：西南交通大学，2003.

[101]　王洋. 综合交通枢纽的布局规划与评价研究 [D]. 北京：北京交通大学，2004.

[102]　王南. 高速客运站设置的系统优化研究 [D]. 成都：西南交通大学，2008.

[103]　谢香君. 道路运输客运站场规划布局方案与评价体系研究 [D]. 北京：北京交通大学，2008.

[104]　熊巧. 公路枢纽客运站的布局研究 [D]. 成都：西南交通大学，2002.

[105]　杨恩慧. 基于 P 中位法的公路运输枢纽汽车客运站布局研究 [D]. 北京：北京交通大学，2008.

[106]　袁敏红. 铁路枢纽客运站布局分析及客流通道能力研究 [D]. 北京：北京交通大学，2007.

[107]　赵京. 当代社会环境下我国综合铁路客运站发展研究 [D]. 天津：天津大学，2006.

[108]　张小星. 有轨交通转变下的广州火车站地区城市形态研究 [D]. 广州：华南理工大学，2001.

[109]　周立. 城市公路客运枢纽布局规划方法研究 [D]. 北京：北京交通大学，2008.

[110]　周文竹. 土地利用模式下的交通方式研究 [D]. 西安：西安建筑科技大学，2004.

[111]　新浪网. 北京居民堵车经济成本达 335.6 元 / 月 居国内城市之首 [EB/OL]. http：//auto.sina.com. cn/service/2009-12-25/1002553270.shtml.

[112]　腾讯网. 北京丰台区将建北京南站经济圈 [EB/OL]. http：//news.qq.com/a/20061218/000055.htm.

[113]　搜狐网. 第九届全国县域经济竞争力与科学发展评价报告 [EB/OL]. http：//news.sohu.com/2009 0726/n265490533.shtml.

[114]　新浪网. 国务院批复 22 个城市地铁规划总投资近 9 千亿元 [EB/OL]. http：//news.sina.com.cn/ c/2009-12-09/085719221686.shtml.

[115]　新浪网. 京沪高速铁路论证历程大事记 [EB/OL]. http：//news.sina.com.cn/c/2008-04-18/154415 384110.shtml.

[116]　新华网. 美国总统奥巴马在上海与中国青年对话 [EB/OL]. http：//www.xinhuanet.com/world/ obama/wzzb.htm.

[117]　搜狐网. 商业地产开发成重点新南站改变南城地产格局 [EB/OL]. http：//house.focus.cn/news/ 2009-03-10/635409.html.

[118]　新浪网. 武广铁路客运专线创世界高铁最高运营速度 [EB/OL]. http：//news.sina.com.cn/c/2009- 12-09/144919223996.shtml.

[119]　搜狐网. 新南站启用月余商铺租金提三成 [EB/OL]. http：//www.soufun.com/2008/2009-09-01/ 2075857.html.

[120]   SORENSEN A. Land Readjustment and Metropolitan Growth: an Examination of Suburban Land Development and Urban Sprawl in the Tokyo Metropolitan Area[J]. Progress in Planning, 2000 (53): 217-330.

[121]   BATTEN D F. Network Cities: Creative Urban Agglomerations for the 21st Century [J]. Urban Studies, 1995, 32 (2): 313-327.

[122]   BERTOLINI L.Evolutionary Urban Transportation Planning: an Exploration [J]. Environment and Planning, 2007 (39): 1998 -2019.

[123]   BERTOLINIL. Nodes and Places: Complexities of Railway Station Redevelopment[J]. European Planning Studies, 1996, 4 (3): 331-345.

[124]   BERTOLINI L. (Her) Ontwikkeling Van Stationslocaties (Re) Development of Station Locations[J]. Stedebouw En Ruimtelijke Ordening, 1998, 79 (4): 4-9.

[125]   BERTOLINI L, SPIT T.Herontwikkeling Van Stationslocaties in International Perspectief Redevelopment of Station Locations in International Perspective[J]. Rooilijn, 1997, 30 (8): 268-274.

[126]   BLUMU, HAYNES KE, KARLSSON C. Introduction to the Special Issue: The Regional and Urban Effects of High-speed Trains[J]. The Annals of Regional Science, 1997, 1.31 (1): 1-20.

[127]   BONTJE M. A planner's Paradise lost? Past, Present and Future of Dutch Natio-nal Urbanization Policy[J]. European Urban and Regional Studies, 2003 (10): 135-151.

[128]   CEVRO R. Mixed land Use and Commuting Evidence From the Americ-anhosing survey[J]. Transportation Reseach, 1996, (30): 361-377.

[129]   CLARKC. Transport Makerand Breaker of Cities[J]. The Town Planning Review, 1958 (28): 237-250.

[130]   HENSHER D A. A Practical Approach To Identifyingthe Market Potential For High Speed Rail: A Case Studyinthe Sydney-Canberra Corridor[J]. Trranspn Res, 1997, 1.31 (6): 431-446.

[131]   MOFFAT D. The Art of Modern Transit Station Design[J]. Places, 2004, 16 (3): 75-77.

[132]   EDWARDJ, SHAUL K, GAUTHIER H L.Interactions Between Spread and backwash, Population Turn Around and Corridor Effects in the Inter-metropolitan Periphery: A Case Study[J]. Urban Geography, 1992, 13 (6): 503-533.

[133]   PELS E, RIETVELD P. Railway Stations and Urban Dynamics[J]. Environment and Planning, 2007 (39): 2043-2047.

[134]   FRIEDMAN J, WOLFFG.World city formation: An Agenda for Research and Action[J].

International Journal of Urban and Regional Re-search，1982（6）：309-44.

[135]   GUNN H E，et al. High Speed Rail Market Projection：Survey Design and Analysis[J]. Transportation，1992（19）：117-139.

[136]   THOMPSON I B. High-speed Transport Hubs and Eurocity Status：the Case of Lyon[J]. Journal of Transporr Geography，1995，3（I）：29-37.

[137]   JANSSEN I I，BRAUN B H G. De Potentie Van Stationslocaties Voor Winkelvoorzieningen：The Potential of Station Locations for Shopping Facilities[J]. Service，2005，12（3）：20-22.

[138]   GUTIÉRREZ J，GONZÁLEZ R，GÓMEZ G. The European High-speed Train Network：Predicted Effects on Accessibility Patterns Journal of Transport Geography[J]. 1996，4（4）：227-238.

[139]   SAVIGNAT M G.Competition In Air Transport：The Case Of The High Speed Train[J]. Journal of Transport Economics and Policy，2004，38（1）：77-108.

[140]   FRÖIDH O. Perspectives for a Future High-speed Train in the Swedish Domestic Travel Market[J]. Journal of Transport Geography，2008（16）：268-277.

[141]   HALL P. The Global City[J]. International Social Science Journal，1996，48（1）：15-23.

[142]   PRIEMUSH，KONINGS JW. Public Transport in Urbanised Regions：The Missing Link in the Pursuit of the Economic Vitality of Cities[J]. Planning Practice & Research，2000，15（3）：233-245.

[143]   PRIEMUS H，KONINGS R. Light Rail in Urban Regions：What Dutch Policymakers Could Learn from Experiences in France[J]. Germany and Japan，Journal of Transport Geography，2001（9）：187-198.

[144]   PRIEMUS H. Light Rail：Backbone of European Urban Regions// BEUTHE M，HIMANEN V，REGGIANI A，ZAMPARINI L（eds）. Transport Developments and Innovations in an Evolving World[J]. Berlin etc.（Springer），2004：255-273.

[145]   PRIEMU S H. Recent Transformations in Urban Policies in the Netherlands// GRAAFLAND A，HAUPTMANN D（eds）.Cities in Transition[J]. Rotterdam：010 Publishers，2001：388-403.

[146]   FUHU R. A training model for GIS application in land resource allocation[J]. Photogrammetric Engineering and Remote Sensing，1997，（52）：261-265.

[147]   MATEUS R，FERREIRA JA，CARREIRA J. Multi-criteria decision analysis（MCDA）：Central Porto High-speed Railway Station[J]. European Journal of Operational Research，2008（187）:1-18.

[148]   SCHÜTZE. Stadtentwicklung Durch Hochgeschwindigkeitsverkehr，Konzeptionelle Und Methodische Absätze Zum Umgang Mit Den Raumwirkungen De-s Schienengebunden

Personen-Hochgeschwindigkeitsverkehr（HGV）Als Bei-trag Zur Lösung Von Problemen Der Stadtentwicklung[J]. Informationen Z-ur Raumentwicklungs，1998（6）：369-383.

[149] STEVEN E，POLZIN P E，Transportation/Land-Use Relationship：Public Transport's Impact on Land Use，Journal of Urban Planning and Development，1999. 135-151.

[150] SASAKI K，OHASHI T，ANDO A. High-speed Rail Transit Impact on Region System：Does the Shinkansen Contribute to Dispersion[J]. The Annals of Regional Science，1997，（1）：77-98.

[151] VELDE D .Met Onroerend Goed Stimuleert Japan Het Openbaar Vervoer [Japan Stimulates Public Transport With Real Estate] [J]. OV Magazine，1999（6）：10-13.

[152] VICKERMAN R. High-speed Rail in Europe：Experience and Issues for Future Development[J]. Annals of Regional Science，1997，31（1）：21-38.

[153] WILDE S，MEGENS E. Nieuwe Generatie Knooppunten [New-generation Nodes]，[J]. Nova Terra，2005，5（2）：4-9.

[154] Wang Xinhao，Yu Sheng，Huang G H. Land Allocation Based on Integrated GIS-optimization Modeling at a Water-shed Level[J]. Landscape and Urban Planning，2004，（66）：61-74.

[155] SUZUKI K，Tanaka T Underground Station Fire Simulation with Multilayer Zone Model[C]. HARADA K，MATSUYAMA K，HIMOTO K，NAKAMURA Y. WAKATSUKI K.Fire Science and Technology，2015：511-519.

[156] Greengauge 21. High Speed Trains and the Development and Regeneration of Cities[J]. 2006，（6）：5-126.

[157] KASARDA J D. Asia's Emerging Airport Cities—Airport-linked Real Estate Takesoff[J]. Urban Land Asia，2004，（12）.

[158] HIROTA R. Air-Rail Links in Japan：Present Situation and Future Trends[J]. JapanRailway & Transport Review，2004，6（39）.

[159] MORICHI S，SHIMIZU T. An Analysis of the Effect of High-speed Railwayon Inter-regional Migration and Traffic Flow in Japan[R]. Proceedings of International Conference onInter-city Transportation，2002.

[160] AMANO K，NAKAGAWA D. Study on Urbanization impacts by New Stations of High Speed Railway[C]. Conference of Korean Transportation Association. Dejeon City，1990.

[161] BRUIJNP. The Intentional City：Applying Local Values and Choice in a Global Context.Assuring Civic Quality，Achieving Urban Excellence[R]. Paper Presented at the IFHP Spring Conference. Portland，2005.

[162] DEIKE P. The Renaissance of Inner-City Rail Station Areas as a Key Element in the Contemporary D.ynamics of Urban Restructuring[R]. Paper for Critical Planning's 2009 Special Issue on Urban Restructuring，2009.

[163] RILEY D. Taken for a Ride：Trains，Taxpayers，and the Treasury[R]. Center for Land Policy Studies，2001.

[164] GLAESER E，SAIZ A. The Rise of the Skilled City[Z]. Brookings-Wharton Papers on Urban Affairs，2004 .

[165] GLASESER E L，KHAN M E. The Greenness of City[Z]. Rappaport Institute for Greater Boston Taubman Center for State and Local Government，2008.

[166] HIROTA R. Present Situation and Effects of the Shinkansen[Z]. Paper presented to the International Seminar on High-Speed Trains，Paris，1984，11.

[167] PRIEMUS H. Hst-Railway Stations As Dynamic Nodes in Urban Networks[Z]. 3rd CPN Conference Proceeding.Beijing，2006.

[168] FELIU J. Organizing Capacity of Territorial Actors in Medium-sized Cities[Z]. Papers on Territorial Intelligence and Governance Participatory Action-Research and Territorial Development，Huelva，2007.

[169] KAMADA M. Achievements and Future Problems of the Shinkansen[C]. STRASZAK A，TUCH R，eds. In The Shinkansen High-Speed RatlNetwork of Japan（Proceedings of an International Institute for Applied Systems Analysis Conference，June 27-30，1977）.1979.

[170] BIANCO M J，DUEKER K J. Effects of light rail transit in Portland：implications for transit-oriented development design concepts[Z]. TRB Meeting，2001.

[171] MOOREC. Doing The Lambeth Talk[Z]. Estates Gazette，2007-01-06.

[172] Mckinsey Global Institute.China's Urban Billion[Z]. Fourth Annual Conference. New Delhi，2008.

[173] NAKAMURA H，UEDA T. The Impacts of the Shinkansen on Regional Development [C]. Fifth World Conference on Transport Research.Yokohama，1989，VoL.Ventura，California：Western Periodicals，1989.

[174] OKABES. Impact of the Sanyo Shinkansen on Local Communities[C]. STRASZAK A，TUCH R，eds.In The Shinkansen High-Speed Rail Nettt~rk of Japan.（proceedings of an International Institute for Applied Systems Analysis Conference，June 27-30，1977），1979.

[175] REED J S. High speed rail related development in Europe and in the United States[C]. 高速铁路车站地区发展研讨会 . 台北，1991.